MATEMÁTICA E EDUCAÇÃO

Alegorias, tecnologias, jogo, poesia

Questões da Nossa Época

Volume 43

Dados Internacionais de Catalogação na Publicação (CIP)
(Câmara Brasileira do Livro, SP, Brasil)

Machado, Nílson José
Matemática e educação : alegorias, tecnologias, jogo, poesia / Nílson José Machado. -- 6. ed. -- São Paulo : Cortez, 2012. -- (Coleção questões da nossa época ; v. 43)

Bibliografia.
ISBN 978-85-249-1918-3

1. Educação matemática 2. Professores - Formação profissional I. Título. II. Série.

12-05195 CDD-510.7

Índices para catálogo sistemático:

1. Educação matemática 510.7

Nílson José Machado

MATEMÁTICA E EDUCAÇÃO

Alegorias, tecnologias, jogo, poesia

6ª edição

CORTEZ EDITORA

MATEMÁTICA E EDUCAÇÃO: alegorias, tecnologias, jogo, poesia
Nílson José Machado

Capa: aeroestúdio
Preparação de originais: Solange Martins
Revisão: Marta Almeida de Sá
Composição: Linea Editora Ltda.
Coordenação editorial: Danilo A. Q. Morales

Obra em conformidade ao NOVO ACORDO da Língua Portuguesa

Direitos para esta edição
CORTEZ EDITORA
Rua Monte Alegre, 1074 – Perdizes
05014-001 – São Paulo – SP
Tel.: (11) 3864-0111 Fax: (11) 3864-4290
e-mail: cortez@cortezeditora.com.br
www.cortezeditora.com.br

Impresso no Brasil – julho de 2012

Sumário

Apresentação à 6ª edição

Vinte anos separam a publicação inicial e esta edição renovada de *Matemática e Educação*. Aos sete textos iniciais, dois novos foram acrescentados, referentes aos temas em exame. Optamos por tal inserção em vez de reescrever parcialmente, atualizando as discussões do que já fora apresentado, em decorrência do fato de que não houve mudanças substantivas nos conteúdos e nos posicionamentos a respeito das temáticas, ainda que novos passos tenham sido dados.

Os dois primeiros textos dizem respeito à concepção de Matemática e de seu ensino. Ao texto original relativo ao papel da alegoria no ensino, outro foi acrescentado, tendo como foco a busca de um reencantamento da Matemática, que consideramos uma condição *sine qua non* para a melhoria de seu ensino. A análise do paralelismo entre as funções da Matemática e dos contos de fadas na formação inicial das crianças persegue especialmente tal objetivo.

Nos cinco textos seguintes, algumas questões educacionais em sentido mais amplo são examinadas, envolvendo as relações entre o jogo e o projeto no ato de educar, bem como o papel dos meios eletrônicos e das tecnologias nos processos educativos. Ainda que parcialmente datadas, em razão do ritmo alucinante dos artefatos da informática, as ideias essenciais postas em discussão permanecem pertinentes, justamente por se aterem aos fundamentos das questões apresentadas.

No bloco final, ao pequeno ensaio sobre as relações entre a Matemática e a poesia foram acrescentados alguns pequenos textos experimentais que denominamos de "mattemas", escritos em linguagem poética, sintética como a do *twitter*, sempre tendo temas matemáticos como mote. A motivação para inseri-los, mais do que a do registro de uma marca, é apenas a de um convite à brincadeira com as palavras e com as ideias matemáticas, em busca de um tostão que seja de encantamento.

Apresentação à 1ª edição

Os textos que compõem esta coletânea abordam temas educacionais mais diretamente relacionados com o ensino de Matemática. Fazem-no, no entanto, de uma maneira ampla, sem a utilização de uma linguagem excessivamente técnica ou destinada apenas a especialistas. Matemática e Educação são temas de interesse geral e as questões relativas ao ensino permanecem, em cada texto, no âmbito do exercício da plena cidadania.

Alguns dos textos apresentados já foram publicados, independentemente, em revistas brasileiras. Duas são as razões determinantes para reuni-los no presente volume. Em primeiro lugar, há a expectativa de que, agregados, apoiem-se mutuamente, reforçando pontos de vista comuns, examinados em diferentes contextos. Isso contribuiria para explicitar uma mensagem subjacente a todos eles: a Matemática, como a Língua Materna, não é um tema de interesse apenas técnico, e as tecnologias, como instrumentos, situam-se em geral na periferia dos problemas educacionais. Uma segunda razão decorre do fato de que a respeitabilidade dos veículos em que foram inicialmente publicados não foi suficiente para mitigar, em cada caso, certa sensação de dispersão relativamente ao público alvo de tais reflexões. Reunidas, elas poderiam atingi-lo mais diretamente, e os eventuais debates que vierem a alimentar são a principal justificativa de virem a lume.

Assim, se uma maior articulação entre os textos bem como a busca de um canal mais adequado para a sintonia com um público mais específico — e mais amplo — puderem ser entendidas como um esforço de participação no debate sobre questões originadas na prática docente e que a ela se dirigem, então haverá um pouco menos de que se desculpar pelo inevitável incômodo da repetição.

1

Matemática e contos de fadas: o desafio de reencantar o contar

Dificuldades com Matemática: Cenário

A anomalia nos resultados com o ensino de Matemática nos diversos níveis escolares é amplamente reconhecida. Um aparente consenso quanto à existência de problemas não significa, no entanto, uma convergência nos diagnósticos.

Alguns afirmam que as dificuldades resultam de certas características intrínsecas da Matemática. Sendo um tema que envolve constantemente o recurso a abstrações, ela exigiria de seus aprendizes e praticantes algumas aptidões peculiares, inatas. Outros pretendem que a origem dos problemas é de natureza didática e está associada a metodologias arcaicas, hoje inadequadas. O que se observa, no entanto, é que muitas das novas metodologias representam apenas modificações periféricas nas práticas tradicionais, revestidas de uma linguagem mais atraente. Há quem culpe os currículos, acusando-os de insuficiente atualização, o que conduziria a uma cristalização nos conteúdos apresentados. Mas as sucessivas propostas curriculares, nos mais diferentes países, não têm sido suficientes para alterar significativamente o panorama. Há os que concentram as críticas na insuficiente apresentação de aplicações práticas para os conteúdos ensinados, mas as crianças continuam a gostar muito de contos de fadas, distantes da vida cotidiana, e a fazer pouco caso dos conceitos matemáticos. Há ainda os que depositam suas fichas na falta de interesse dos alunos, ou em dissonâncias psicológicas na aprendizagem escolar, mas os alunos não são inapetentes em todos os temas, demonstrando grande entusiasmo com certos temas extraescolares.

Em cada uma das vertentes anteriormente referidas, diversas reflexões buscam delimitar os problemas e propor ações corretivas. O primeiro grande desafio a ser enfrentado em uma nova inquirição é o de situar-se em meio a esse cipoal de perspectivas, tentando identificar algo que parece perpassar todos os diagnósticos — ou que escapa entre os dedos nas múltiplas análises. Conscientes da complexidade da tarefa a ser empreendida, vamos a ela.

Metodologia, epistemologia, psicologia... encantamento!

Cada uma das perspectivas apresentadas pode ser explorada com proveito. Metodologias, epistemologias, psicologias, modernizações curriculares relacionam-se efetivamente com os problemas no ensino e na aprendizagem de Matemática, mas existe um território, na região de confluência de todas essas vertentes, que nos parece merecedor de uma atenção especial. Consideramos que a maior fonte de dificuldades com a Matemática resulta da falta de entusiasmo dos alunos pelo tema. Injustamente associada apenas a operações com números, ou a técnicas de fazer contas, a Matemática perde grande parte de seu encanto.

É certo que as ferramentas matemáticas nos ajudam a lidar com a realidade concreta. Seu uso reiterado no dia a dia e sua importância como linguagem das Ciências, em todas as áreas, são indiscutíveis. Mas há algo na Matemática que escapa a qualquer sentido prático/utilitário, que expressa relações, às vezes surpreendentes, e nos ajuda a construir o significado do mundo da experiência, no mesmo sentido em que um poema o faz. Um poema nunca se deixa traduzir em termos de utilidade prática: ele nos faz sentir, compreender, instaura novos sentidos, dá vida a contextos ficcionais. Não vivemos de ficções, mas não vivemos sem a abertura propiciada pelo fictício. A Matemática partilha com a poesia esse potencial para criar novos mundos, inspirados na realidade, mas cheios de encantamentos.

Para enfrentar as dificuldades com o ensino de Matemática, mais do que despertar o interesse pelas suas aplicações práticas, é fundamental desvelar sua beleza intrínseca, sua vocação para a apreensão dos padrões e das regularidades na natureza, suas relações diretas com os ritmos, com a música, com as artes de modo geral. É preciso compreendê-la como um sistema básico de expressão e compreensão do mundo, em sintonia e em absoluta complementaridade com a língua materna. É necessário pensar e sentir, consumir e produzir, compreender e fruir os temas que estudamos. Como na vida cotidiana, é inevitável deparar com mistérios, com questões complexas demais para certezas ingênuas, tão comuns aos muito jovens ou aos muito loucos. Em outras palavras, é preciso reencantar a Matemática.

Contar, contar histórias

É fato conhecido que, em quase todas as línguas, o verbo "contar" tem duas acepções convergentes: enumerar e narrar.

Em português, "contar uma história" ou "fazer de conta" revelam indícios de tal proximidade. A linguagem matemática é plena de suposições. Uma sentença matemática típica é do tipo "se A, então B", ou seja, supondo que A seja verdade, então B também o será. Em alemão, *zahl, zahlen, erzahlen* significam, respectivamente, "número" (na contagem), "enumerar", "narrar". Em inglês, *tale, tall, talk* também decorrem do alemão arcaico *tal*, que deu origem a *zahl*. As expressões "Contos de Fadas" ou "Fairy Tales" nos ajudam, pois, a lembrar de uma importante acepção do verbo "contar".

Contar uma história é construir uma narrativa, uma temporalidade que mimetiza de modo fantástico a sucessão dos números naturais. Os alunos adoram uma história bem contada, uma narrativa fabulosa, um enredo sedutor. Mas em todas as faixas etárias, gostamos de nos encantar, de soltar a imaginação, de nos maravilhar. Histórias como *Harry Potter*, *O Senhor dos Anéis*, entre tantas outras, seduzem os leitores e atraem a atenção.

A construção do conhecimento em todas as áreas também apresenta aspectos sedutores, dimensões maravilhosas, que exigem narrativas bem arquitetadas para se constituir. Mas as histórias que nos contam na escola, especialmente nas aulas de Matemática, são frequentemente desprovidas de encantamento. Mesmo quando os conteúdos servem de suporte para uma apresentação de natureza fabulosa, os professores costumam subestimar a força inspiradora do roteiro, da narrativa, e logo querem nos ensinar a moral da história. As explicações, muitas vezes, antecedem as perguntas: quebram o encantamento, não favorecendo a fruição tácita das relações, o diálogo entre contextos, a transferência de estruturas, a extrapolação das percepções.

Para ilustrar o fato de que as dificuldades com a Matemática na escola básica decorrem essencialmente da falta de encantamento com seus objetos, vamos considerar dois temas comumente apresentados aos alunos desde a educação infantil: os contos de fadas e a Matemática. Enquanto o primeiro deles é pleno de fantasia, de maravilhamento, e quase sempre muito apreciado pelos alunos, o outro é frequentemente apresentado de modo direto, desprovido de encantamento, sendo tratado de modo técnico, quase sempre carente do interesse dos alunos.

A Matemática e os contos de fadas

É interessante comparar os papéis que a Matemática e os contos de fada desempenham na formação das crianças. O aspecto que mais aproxima os dois temas é o caráter binário de ambos. Nas histórias infantis, há uma nitidez absoluta na distinção entre o bem e o mal, o herói e o vilão, a bruxa malvada e a fada madrinha. A vida não é tão simples assim nas questões que usualmente nos coloca. Em que momento tem início a vida humana? O que caracteriza seu final? Aborto, eutanásia, clonagem — qual a linha divisória entre o bem e o mal em tais questões? Mas não podemos lançar a criança em um mundo de tal complexidade sem ter construído, anteriormente, um repertório de referências, em que a tomada de decisões seja mais simples. É fácil ficar do lado do mocinho e ser contra o bandido; gostar da fada e odiar a bruxa. As histórias fabulosas divertem e emocionam, mas, sobretudo, fornecem balizas relativas a valores. A integridade pessoal é forjada a partir de tais referenciais éticos primários.

Analogamente, nos problemas que a realidade nos propõe, também não é tão nítida a distinção entre o certo e o errado, o verdadeiro e o falso, quanto o é na Matemática. Ao expressar matematicamente um problema, as respostas são assertivas: há o verdadeiro e o falso, há o certo e o errado, não há muito espaço para tergiversar. É da própria natureza da Matemática a exigência de tal nitidez: por definição, uma proposição é uma sentença que pode ser associada a um e somente um dentre dois valores possíveis: V ou F. A verdade em História não tem a nitidez da binariedade matemática. Uma proposição sobre a Revolução Francesa pode resultar em uma grande diversidade de interpretações e valorações. Mas para enfrentar a amplitude de percepções e julgamentos, a simplicidade das verdades matemáticas são as referências que aprendemos na escola.

A vida não é um conto de fadas, as pessoas não podem ser divididas em dois grupos — os heróis e os bandidos —, as questões vitais não podem ser respondidas com um simples V ou F. A grande importância da Matemática e dos contos de fadas não repousa na aplicabilidade prática de seus conteúdos e relações. Tais temas, no entanto, constituem uma importante "preparação espiritual" para o enfrentamento da complexidade da vida.

Contos de fadas e Matemática: similaridade estrutural

A aproximação entre a Matemática e os contos de fadas é de natureza estrutural. Além do caráter binário, ou seja, da nitidez das contraposições entre o bem e o mal, em um dos temas, e entre o verdadeiro e o falso, no outro, existem outros macroaspectos que serão examinados a seguir.

"Era uma vez..." é uma expressão típica na abertura de um conto de fadas: como em um passe de mágica, o contexto ficcional se instaura e a história se desenrola. Na Matemática, a linguagem costuma ser mais direta, menos sedutora, mas igualmente instaladora de um contexto a ser desenvolvido: "Seja A um conjunto...". Nos dois casos, a expressão inicial representa um convite ao ingresso em um jogo com regras bem definidas, e bastante similares. As narrativas têm uma unidade lógica com a estrutura de um argumento. Não cabe discutir a verdade das premissas, assumidas juntamente com as regras do jogo; a tarefa é extrair delas todas as consequências lógicas plausíveis. Alguém que diga "Bicho não fala..." está se negando a jogar o jogo; o mesmo ocorre com quem afirma que "A" é uma letra e não um conjunto.

Um importante aspecto de natureza estrutural a aproximar os dois temas é, portanto, o convite ao jogo, com a aceitação de suas regras, tendo como contrapartida um incremento na capacidade de compreensão do que se estuda. Nos dois casos, os contextos são fictícios, e nem por isso são menos efetivos. Quando se elogia, pois, a busca de contextos, ou a contextuação, como recurso para a eficácia do ensino, não se podem deixar de levar em consideração os contextos ficcionais.

Outro aspecto importante na comparação estrutural entre os dois temas é o fato de que, admitidos os contextos ficcionais, em ambos os casos a história contada apresenta uma coerência interna, da qual resultam as consequências lógicas inevitáveis, ou, em sentido ampliado em relação às fábulas tradicionais, uma "moral da história". Para sermos mais precisos, não se trata de uma moral única para todos, mas "morais" diferenciadas, em função do repertório e das circunstâncias dos ouvintes. Naturalmente, a transferência de significações nunca é direta, como nas aplicações práticas; é sempre analógica, estabelecendo-se pontes às vezes insólitas entre contextos diversos.

Um ponto absolutamente decisivo é o fato de que, para lograr efetivamente o encantamento, as "morais" que se esperam das histórias não podem ser explicitadas *a priori*, sob pena de o professor se tornar um chato. Nada é mais ineficaz do que um professor impaciente, que se concentra apenas na moral da história.

Matemática e contos de fadas: caricaturas

A possivelmente insólita — e certamente sedutora — relação entre dois temas aparentemente tão díspares como Matemática e contos de fadas pode conduzir a um entusiasmo ingênuo, do qual decorrem inúmeras caricaturas.

A construção do significado, em qualquer assunto, sempre se dá por meio de uma narrativa bem arquitetada: um bom professor, e especialmente um bom professor de Matemática, é sempre um bom contador de histórias. Os contos de fadas constituem uma importante fonte de inspiração para a organização das aulas de Matemática, sobretudo pelo modo como os contextos ficcionais são explorados.

Não se trata, portanto, de se recorrer a histórias como a dos *Três porquinhos* para ensinar a contar até 3, nem a da *Branca de Neve* para contar até 7, o que seria tão pertinente quanto apresentar sonetos aos alunos tendo em vista fazê-los contar as linhas dos quartetos ou tercetos, ou ainda para contar sílabas e conferir a métrica.

Também não é o caso mais caricato ainda de simplificar exageradamente o conteúdo ficcional, quebrando seu encantamento. A interpretação literal de histórias fantásticas torna-se risível. Buscar em livros como *A revolução dos bichos*, de George Orwell, um manual de zoologia ou de veterinária é, sem dúvida, sinal de insanidade.

A Matemática e os contos de fadas são terrenos especialmente propícios para a exploração da dinâmica das transações entre a realidade e a ficção. Em ambos os temas, os contextos ficcionais ganham vida própria e podem inspirar uma ultrapassagem das limitações que a realidade cotidiana nos impõe. Se os fictos não são valorizados tanto quanto os fatos, a vida se torna desinteressante e a ciência conduz ao fatalismo.

Os contos de fadas são naturalmente encantados. A Matemática um dia já o foi, como nos lembram os textos de Malba Tahan e de Monteiro Lobato. Hoje, a concentração das atenções apenas em seus aspectos prático-utilitários contaminou nossa visão e quebrou o seu encanto. É preciso, pois, reencantar a Matemática.

2

A alegoria em Matemática

I — Introdução: o estilo em Matemática

É muito frequente, em relação à Matemática, associar-se à sua linguagem características putativas como as de exatidão e monossemia, bem como uma ausência ou minimização das conotações ou de valores de estilo. Essas características seriam, então, elementos fundamentais para uma diferenciação categórica entre a linguagem matemática e a língua corrente, onde pululam ambiguidades; é permanente a ingerência do contexto sobre o texto e são determinantes as qualidades de estilo.

Apesar da aparente hegemonia, há muito mais adesões acríticas a tais pontos de vista do que uma franca discussão a esse respeito. Aqui e ali encontram-se trabalhos diretamente relacionados ao tema, como são *Filosofia do estilo*, de Gilles-Gaston Granger (1974), ou *Introducción al estilo matemático*, de Javier de Lorenzo (1989). No primeiro, após uma série de considerações sobre uma estilística geral, com o estabelecimento das bases de uma estilística da prática científica, o autor examina o papel do estilo na construção do objeto matemático. Assim, são examinados sucessivamente o Estilo

Euclidiano, o Estilo Cartesiano, o Estilo Arguesiano, o Estilo Vetorial, e a percuciência das análises não deixa margem a dúvidas quanto à pertinência das questões tratadas. No segundo, após um exame cuidadoso das características da linguagem matemática, são também identificadas certas categorias de estilo como o Estilo Operacional, o Estilo Formal, ou o Estilo dos Indivisíveis. Em ambos os casos, a Matemática é tratada de uma forma não estereotipada, com o delineamento de suas características básicas sem um atrelamento compulsório a ideias preconcebidas como as inicialmente citadas.

Neste trabalho, examinaremos uma questão que tangencia temas como os acima referidos, estando neles presente, ainda que em forma potencial; trata-se de evidenciar que a metáfora, uma figura de retórica que predomina na linguagem poética mas que é importante, de uma maneira geral, na caracterização do estilo, é um instrumento essencial aos que se dedicam à Matemática, sobretudo ao seu ensino. Incluindo as alegorias, enquanto metáforas continuadas ou como cadeias de metáforas, mostraremos que a presença do sentido figurado em contextos matemáticos, se não é a regra, nem de longe constitui exceção, podendo exercer relevantes funções no desempenho de tarefas docentes. Nossa expectativa é a de que, ao final da leitura, mais do que alertados para a importância da alegoria, estejamos motivados para a exploração deste recurso da retórica como instrumento para o ensino da Matemática.

II — Metáforas, alegorias, modelos

É quase impossível começar a discorrer sobre a metáfora sem ter Aristóteles como ponto de partida. Para o estagirita, a metáfora consiste em dar a uma coisa o nome de outra coisa, produzindo-se como que uma transferência de significados, com base na analogia ou na semelhança. É o que ocorre quando afirmamos que "o jogador X é um leão", que "a secretária do senhor Y é um doce", ou que "o governo fechou as torneiras do Banco Central". Etimologicamente, a palavra metáfora deriva das palavras gregas *metá* (trans, além de) e *phérein* (levar, transportar).

Outras concepções podem contribuir para a compreensão do significado e da função desempenhada pela metáfora no discurso. Segundo o linguista Richards, coautor, juntamente com Ogden, de um texto clássico sobre o significado (Ogden/ Richards, 1938),

> A metáfora é fundamentalmente um préstimo mútuo entre pensamentos, uma transação entre contextos, uma cooperação entre ideias.

O escritor argentino Jorge Luis Borges (1974) tenta traduzir metaforicamente o significado da metáfora, quando afirma que ela é

> uma simpatia secreta entre conceitos.

De um modo um pouco mais técnico, ainda que igualmente esclarecedor, Herbert Read apresenta a metáfora como

> a síntese de várias unidades de observação em uma imagem dominante; é a expressão de uma ideia complexa não pela análise ou por formulações abstratas, mas por uma percepção repentina de uma relação objetiva. (apud Waldron, 1979)

Sem dúvida, o valor da metáfora enquanto instrumento literário é amplamente reconhecido, sendo inteiramente dispensáveis ou impertinentes considerações a respeito, sobretudo oriundas de um professor interessado no ensino da Matemática. Não resistimos, porém, à transcrição de um pequeno poema de Orides Fontela, em que a utilização desse instrumento se faz com notável maestria:

Habitat

O peixe
é a ave
do mar

• • •

a ave
o peixe
do ar

• • •

• • •

e só o
homem
nem peixe nem
ave

• • •

não é
daquém
e nem de além
e
nem

• • •

o que será
já em nenhum
lugar

É, no entanto, fora do âmbito literário que nos interessa evidenciar a relevância da metáfora, e mais particularmente ainda a função que pode desempenhar no seio do pensamento matemático.

Com relação ao desenvolvimento do raciocínio, à concatenação de ideias nas pessoas em geral, Marvin Minsky, professor e pesquisador do MIT nas áreas de Teoria Matemática da Computação, Inteligência Artificial e Robótica, afirma em seu instigante livro *A sociedade da mente* (1989):

> Nossas melhores ideias são, quase sempre, aquelas que transpõem dois mundos diversos

ou, complementarmente:

> Muitas das boas ideias são, na realidade, duas ideias numa só — o que forma uma ponte entre duas esferas do pensamento ou diferentes pontos de vista

ou ainda:

> Entre nossas mais poderosas maneiras de raciocinar encontram-se aquelas que nos permitem juntar coisas que aprendemos em diferentes contextos.

Ora, é precisamente no estabelecimento de pontes entre diferentes contextos, na iluminação de relações estruturais que subjazem, a despeito da diversidade dos campos semânticos, que a metáfora afigura-se como instrumento fundamental.

Especialmente quando se trata de aproximar dois contextos, um dos quais apresenta-se mais familiar, em termos de percepção das relações constitutivas, enquanto o outro afigura-se como o novo — onde se busca o estabelecimento de relações germinais — ou o inacessível à experiência direta — onde as relações precisam ser instauradas pela imaginação —, a metáfora emerge como um poderoso instrumento para a construção analógica de pontes entre os temas considerados. Nesse sentido, a metáfora ocupa lugar de destaque no discurso religioso, através das parábolas; no discurso da propaganda, através da exploração de relações analógicas convenientes; na imprensa escrita, em momentos em que há a emergência do novo; na poesia, onde a palavra é essencialmente fundadora e as imagens são fundamentais. No mesmo sentido parece caminhar a Matemática, na medida em que seus objetos constituem talvez as pontes mais radicais entre os contextos mais díspares: entre 3 abacaxis, 3 aviões ou 3x, transita o número 3. Analogamente, o conceito de anel estabelece fecundas e significativas pontes entre coleções tão distintas quanto o conjunto dos números inteiros, o conjunto dos polinômios ou o conjunto das matrizes quadradas; é ainda do mesmo tipo a identificação do conjunto das soluções de uma equação diferencial linear de 2ª ordem com um espaço vetorial de dimensão 2.

Poder-se-ia contrapor, neste ponto, a estabilidade de tais construções matemáticas com a aparente volubilidade das pontes metafóricas. Afinal, as metáforas, mesmo as mais eficazes, iluminam com a fugacidade de um relâmpago enquanto os objetos matemáticos, mesmo os mais modestos, operam com a constância ou a tenacidade de uma lâmpada ou uma vela. Esta questão, sem dúvida pertinente, será deixada para um outro momento, para que não nos desviemos demais das metas que perseguimos. A este respeito, no entanto, tendemos a concordar com Octávio Paz quando, em *O mono gramático* (1988), ao indagar sobre o sentido da linguagem, sobre o jogo de correspondências entre ideia e verbo, palavras e percepções, afirma peremptório: "a fixidez é sempre momentânea".

Na antessala de questões como as que acabamos de citar, continuemos com a construção do quadro de referência a partir do qual discutiremos a função da alegoria na compreensão da Matemática e em seu ensino.

A alegoria é uma construção que tem metáforas como tijolos. Etimologicamente, a palavra é derivada das palavras gregas *allós* (outro) e *agourein* (falar). Numa fórmula sintética, "a alegoria diz *b* para significar *a*" (Hansen, 1986). Trata-se, portanto, de um engendramento de uma significação figurada, densa em relações, mas com as características básicas de uma metáfora continuada ou de uma cadeia de metáforas.

Tecnicamente, seria necessário distinguir as alegorias das fábulas, das parábolas ou dos mitos, na medida em que, cada qual a seu modo, todos apresentam como característica básica o sentido figurado em contraposição ao literal, as comparações implícitas tendo por base analogias ou relações estruturais. Não nos alongaremos a esse respeito, assim como não o fizemos na caracterização da metáfora, que também comportaria uma abordagem técnica na distinção de seus parentes próximos como são a metonímia, a sinédoque, a hipérbole ou a catacrese, entre outros. Em todos os casos citados, o que permanece em tela como conteúdo relevante para a discussão que pretendemos é a contraposição entre os sentidos literal e metafórico, com a explicitação da importância do segundo na linguagem matemática ou no ensino de Matemática.

Outras conotações parecem sedimentar a noção de modelo, quando nos restringimos ao seu uso mais comum. A associação quase automática entre as palavras "modelo" e "matemático", ou entre "modelo" e "teórico" é sintoma da caracterização de uma aura mais técnica ou de uma maior respeitabilidade científica para os modelos. Em seu *Modelos y metáforas* (1966), Max Black, no entanto, aproxima decisivamente as duas noções, transformando-se em referência obrigatória para todos os que perquirem tais terrenos. Segundo Black,

> Falar de "modelos" em relação a uma teoria científica tem já certo sabor de metáfora: se nos fosse pedido apresentar um exemplo perfeitamente claro e indiscutível de modelo no sentido literal desta palavra, nenhum de nós, segundo me parece, pensaria em falar do modelo atômico de Bohr, nem do keynesiano de um sistema econômico.

No mesmo sentido também caminha Petrie, em *Metaphor and learning* (1979), quando afirma:

> Analogias, modelos e soluções de problemas exemplares também desempenham algumas vezes funções muito similares às da metáfora.

Corroborando tais pontos de vista, Turbayne afirma em *El mito de la metáfora* (1974):

> As metáforas podem apoiar-se em sistemas de deduções especialmente construídas, assim como em lugares comuns aceitos; nesse caso, chamam-se modelos.

Nesse ponto, no entanto, urge que estabeleçamos algumas distinções mínimas, para que o quadro de referência esboçado não resulte em mero amálgama de manchas. Recorrendo ainda a Turbayne, destacamos que, embora a fábula, a parábola, a alegoria sejam, como o modelo, metáforas estendidas, continuadas, não sendo exatamente o que aparentam,

> Diferentemente do modelo, a fábula, a parábola e a alegoria estão destinadas a inculcar um comportamento melhor. Diferentemente do mito, que cresce como uma árvore, a fábula, a parábola e a alegoria são invenções deliberadas.

Complementarmente,

> no caso da fábula, o autor explicitamente revela a presença da metáfora, em uma declaração de um tipo superior, que pode surgir repentinamente no final. Nos outros casos, o usual é deixar que o público dê sua própria interpretação. No mito, esta se deixa para a posteridade.

Além disso, as fábulas estão usualmente associadas a discursos morais, enquanto as alegorias podem extrapolar o discurso argumentativo ou os limites do verbal, assumindo formas múltiplas como a pintura, a escultura ou a pantomima.

Resumidamente, no entanto, enfeixaremos nossas considerações sobre a presença e a importância do sentido figurado em Matemática, destacando genericamente a alegoria como elemento mais abrangente nesse quadro de referência. Embora os modelos não se situem muito distantes das questões ou dos exemplos discutidos, deixaremos tal aproximação para um outro momento, remetendo o leitor para o livro de Max Black, anteriormente referido.

Passemos, então, a explicitar a presença do pensamento figurado em Matemática, sob a forma de iluminadoras metáforas ou de sugestivas alegorias, tendo em vista o relevante papel que tais instrumentos podem desempenhar no exercício da função docente.

III — Alegorias no ensino de Matemática

1. Uso alegórico de expressões matemáticas

Na utilização cotidiana da língua corrente, termos ou expressões da linguagem matemática são frequentemente utilizados em sentido figurado. Em uma discussão, pode-se, por exemplo, concitar as partes a chegar a um "*denominador comum*". Fala-se com naturalidade em "*perdas incalculáveis*", em "*sair pela tangente*", em "*retidão de caráter*", em "*ver de um outro ângulo*", no "*x da questão*", ou, ainda, na enigmática expressão "*provar por a + b*".

Por outro lado, ao empregar ferramentas matemáticas em outras áreas do conhecimento, como, por exemplo, na Psicologia, são comuns e inevitáveis os sentidos metafóricos. Em seu *Princípios de psicologia topológica* (1973), Kurt Lewin refere-se seguidamente ao "espaço vital", a "regiões do inconsciente", com destaque para suas "fronteiras" ou para as que são "abertas" em sentido topológico. Mais recentemente, encontram-se em Lacan seguidas referências ao "plano projetivo", ou aos "nós borromeanos", além de estarem presentes o "toro" ou a "faixa de Möebius", sempre representando relações de natureza psicológica. Também Lévi-Strauss, em *A oleira ciumenta* (São Paulo: Brasiliense, 1986), fala de "*mitos em garrafas de Klein*".

Não pretendemos aqui examinar a presença das metáforas envolvendo objetos matemáticos nos dois sentidos anteriormente referidos, mas, sim, no caso em que elas são concebidas e as alegorias são arquitetadas tendo em vista a compreensão ou o ensino da própria Matemática.

2. A função como uma máquina

É o que ocorre, por exemplo, quando imaginamos que uma *função* $y = f(x)$ é uma máquina onde os elementos x são "transformados" nas imagens correspondentes $f(x)$; o processo de transformação é determinado pela lei de correspondência.

função é uma máquina

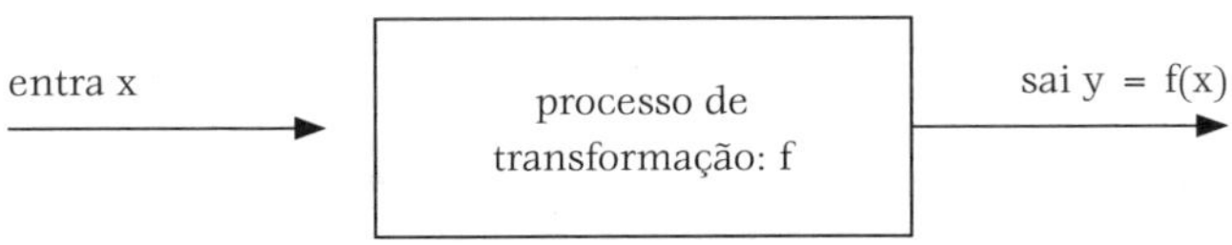

a máquina $f(x) = x^2$

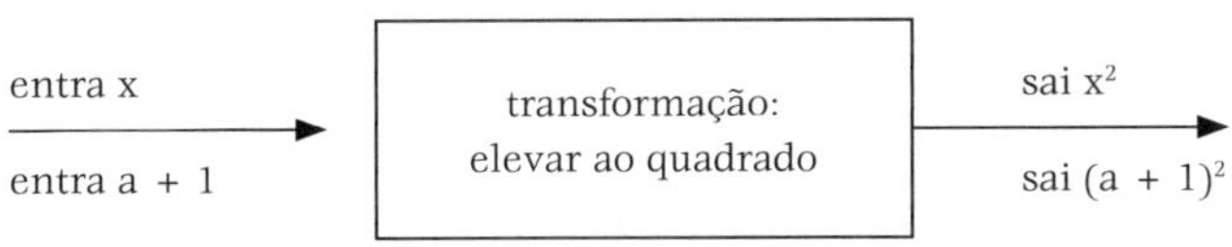

Tal modo metafórico de conceber-se uma função pode-se constituir em interessante recurso para uma compreensão efetiva da determinação da função inversa de uma dada função $y = f(x)$, em vez das técnicas usuais em que o y é substituído por x (e vice-versa), sendo depois explicitado. Em vez disso, pode-se imaginar a função $g(x)$, inversa de $f(x)$, como sendo uma máquina que executa as operações inversas das correspondentes em $f(x)$, na sequência inversa, quer dizer, de trás para diante.

$f(x) = 3x + 7$

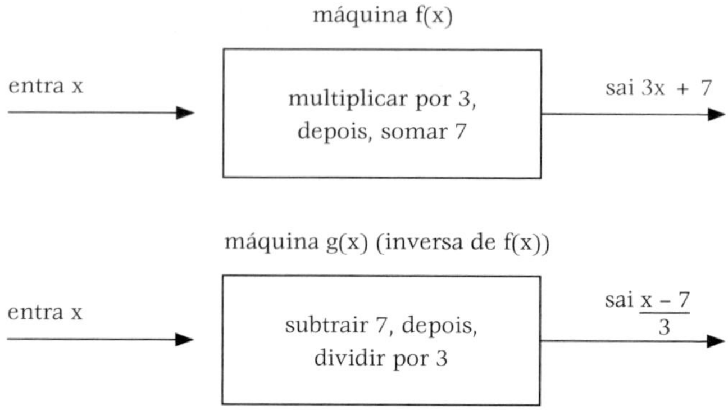

$g(x) = \frac{x - 7}{3}$

Também no caso da composição de funções, a imagem da associação de máquinas pode resultar significativa e esclarecedora. Para destacar o fato de que tais recursos não podem ser considerados apenas eventualmente apropriados para uma abordagem do tema com crianças ou adolescentes, reproduzimos a seguir uma página relativa ao tema extraída de um texto didático destinado ao ensino universitário (Bishir/Drewes, 1970):

> *Still another way of visualizing a function is as a machine or system which accepts elements of D(f) as inputs and which produces corresponding elements of* R(f) *as outputs (see Figure 5). If we insert an element* $a \in$ D(f) *into the system, the corresponding value* f(a) *comes out. If another element* $c \in$ D(f) *is inserted, we obtain another (not necessarily different) value* f(c). *If we try to insert something not contained in the domain of* f *it is rejected, for* f *operates only on elements belonging to its domain. Interpreting a function in this way makes clear the distinction between a function (the machine) and its values (outputs of the machine). A function should no more be confused with its values than a vending machine should be confused with a soft drink.*

FIGURE 5. A function as a machine

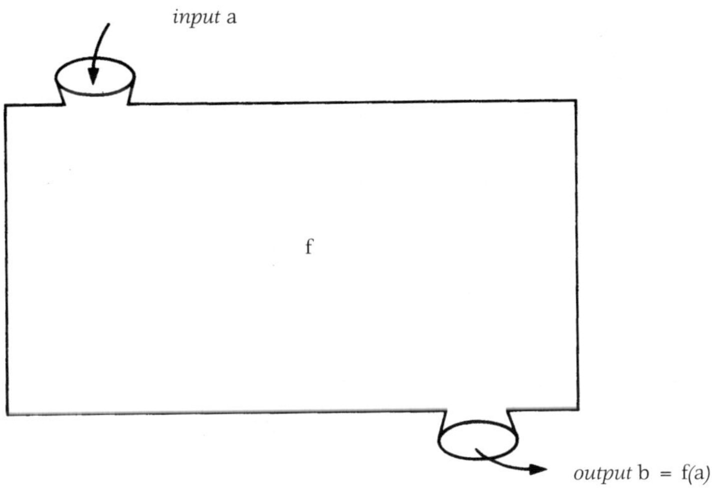

FIGURE 14

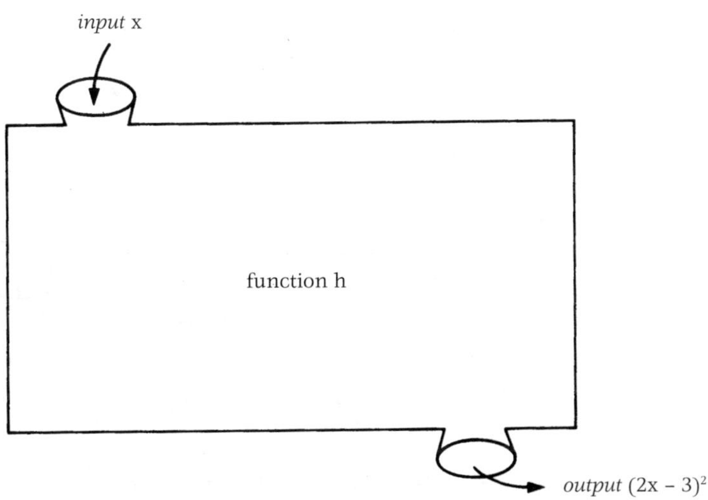

FIGURE 15

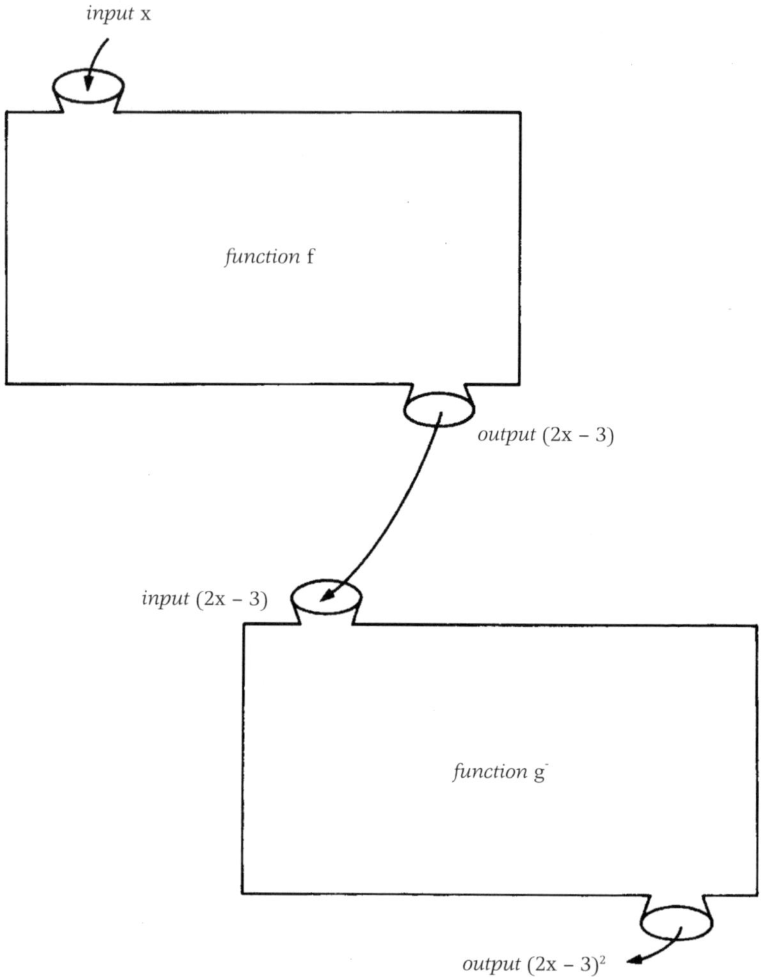

Assim, independentemente do nível de tratamento, a fecundidade da associação função-máquina subsiste intacta. Um indício interessante dessa fecundidade é a própria meta-

-metáfora que se apresenta na última frase do texto do exemplo suprarreferido.

3. O hotel natural

Examinemos agora um outro exemplo, onde pensar-se o conjunto dos números naturais como um hotel engendra uma alegoria que pode contribuir significativamente para que as ideias de Cantor (1845-1918) sobre uma aritmética transfinita resultem mais acessíveis a quem nelas se inicia. A história que se segue é devida ao matemático David Hilbert (1862-1943), um dos expoentes do Formalismo, uma das três grandes correntes do pensamento matemático a partir da segunda metade do século XIX. Ela é descrita por Hans Freudenthal, um matemático holandês, em seu livro *Perspectivas da matemática* (1975):

> Certo hotel tem uma infinidade de quartos numerados: 1, 2, 3, ... Esse hotel está hoje completamente cheio. No fim da tarde, chega mais um hóspede. — Lotado — diz o porteiro. — Não importa — diz o gerente —, o hóspede do quarto 1 passa para o 2, este do 2 vai para o 3, o do 3 para o 4 e assim por diante, de modo que o novo hóspede pode entrar no quarto 1, vazio.
>
> Mais tarde, porém, chegam outros 1.000 novos hóspedes. — Lotado — diz o porteiro. — Não importa — diz o gerente —, o hóspede do quarto 1 vai para o 1.001, o do 2 para o 1002, e assim por diante e os novos hóspedes podem entrar livremente nos quartos de 1 a 1.000.
>
> Subitamente, aparecem pessoas em número infinito: senhores A1, A2, A3, ... — Lotado — diz o porteiro. — Não importa — diz o gerente —, nós mandamos o hóspede do quarto 1 para o quarto 2, o do quarto 2 para o 4, o do 3 para o 6, cada um para

o quarto com o número dobrado, e então as pessoas A1, A2, A3, ... podem ser acomodadas como hóspedes nos quartos 1, 3, 5, ...

Naturalmente, com algumas adaptações, essa história pode ser utilizada para a compreensão do fato de o conjunto dos números racionais ser enumerável, como poderia sê-lo para a percepção da não-enumerabilidade do conjunto dos números reais. É difícil negar-se seu valor no que se refere à dimensão retórica da linguagem. Dela, no entanto, não se pode afirmar: "é pura retórica!". Nela, a lógica e a retórica parecem caminhar harmoniosamente juntas.

4. A cabra-cega e os irracionais

Ainda com relação à cardinalidade dos conjuntos dos racionais e dos irracionais, uma situação concreta, estruturada a partir de uma brincadeira infantil bastante conhecida — a cabra-cega — pode lançar um facho decisivo na comparação que se intenta.

Como se sabe, é muito maior a presença dos racionais nas atividades cotidianas, mesmo as escolares, em que os números irracionais surgem como casos excepcionais. Dentre eles, os transcendentes não parecem passar de três ou quatro exóticos exemplos. Assim, é natural que, a despeito das demonstrações formais de enumerabilidade ou não-enumerabilidade, estabeleça-se uma forte impressão de abundância dos racionais e de escassez dos irracionais. Isso pode ser amplamente corrigido com o recurso à cabra-cega.

Imaginemos a reta real estendendo-se como um varal esticado horizontalmente, à altura de nossos olhos. Munidos de uma agulha de ponta bem fina e com os olhos vendados, "espetemos" um número ao acaso; terá sido ele racional ou irracional? Qual a probabilidade de ser racional? Qual a probabilidade de ser irracional? Explorando-se adequadamente tal "experiência de pensamento" (*gedanken-experimente*, na expressão de Einstein), é possível construir-se uma ponte consequente que conduza da expectativa inicial da abundância dos racionais a uma espécie de equilíbrio (instável) entre as duas cardinalidades, passando-se ao fato de que a probabilidade de o número na ponta da agulha ser irracional deve ser muito maior do que a de ser racional, e aportando-se, finalmente, na verdade inexorável: a probabilidade de o número "espetado" ser racional é zero; a probabilidade de ele ser irracional é um! Naturalmente, isso não significa que o número na agulha será *sempre* irracional, nunca racional; inferências desse tipo são válidas em espaços amostrais finitos, mas não subsistem em quaisquer espaços. De fato, em linguagem comum, o que se pode afirmar é que *quase sempre* o número na agulha será irracional, quase nunca será racional.

Prosseguindo-se com a "experiência", imaginemos agora que, de olhos vendados, "espetamos" um número ao acaso e um observador externo informa-nos que esse número é irracional; será ele algébrico ou transcendente? Qual a probabilidade de o número irracional na agulha ser algébrico? Qual a probabilidade de ele ser transcendente? Novamente aqui, a despeito da aparente rarefação dos transcendentes, a resposta correta é: probabilidade zero para a ocorrência de um irracional algébrico; probabilidade um para a ocorrência de um irracional transcendente.

Assim, a experiência da cabra-cega pode, alegoricamente, servir de mote para a compreensão de um fato fundamental a respeito dos números reais, amplamente conhecido, mas frequentemente situado bem longe da consciência imediata:

apesar de, ao longo de toda a vida escolar, não termos contato senão com alguns poucos números transcendentes, quase todos os números reais são irracionais e quase todos os números irracionais são transcendentes.

5. Um quase contraexemplo: o mágico logarítmico

Em *O poder da matemática* (1975), o professor Zoltan P. Dienes, bastante conhecido pelas transposições para a sala de aula de Matemática das ideias de Piaget sobre a psicogênese do conhecimento, explora intensamente as alegorias como recurso pedagógico. Os princípios da "expressão múltipla" e do "contraste", que Dienes formula inicialmente, servem de base para a construção ao longo do texto de inúmeras "experiências de pensamento", muitas delas de natureza alegórica. Examinemos um de seus exemplos: o do "Mágico Logarítmico":

> Um mágico habita um palácio circular no meio de uma cidade, que ele controla inteiramente. Pelos seus poderes mágicos ele supre todo o dinheiro que acha que as pessoas deveriam ter. Elas vivem em casas ao longo de avenidas que partem radialmente do palácio circular. As pessoas que habitam uma mesma casa recebem sempre a mesma quantia de dinheiro, de modo que tenham o mesmo padrão de vida e não fiquem com inveja umas das outras. Ao longo do lado direito das avenidas (vistas do palácio) há casas; há anexos pertencentes às casas ao longo do lado esquerdo; as avenidas são numeradas, como em Nova York, 1ª Avenida, 2ª Avenida, 3ª Avenida, e assim por diante, aumentando os números das avenidas no sentido anti-horário, a partir da 1ª Avenida. As pessoas ricas moram de um lado da cidade — suas avenidas ocupam somente a metade da cidade, isto é, irradiam a partir somente da metade do palácio. No outro

lado da cidade moram as pessoas mais pobres. As avenidas deste lado são numeradas com os mesmos números, sendo estas avenidas continuação da 2ª, 3ª, e outras avenidas do outro lado do palácio. Naturalmente há também uma primeira avenida na parte pobre, que é uma continuação da primeira avenida da parte rica.

Em cada avenida as pessoas das casas mais próximas ao palácio ganham diariamente uma quantia de 1 libra. Suas casas têm marcado sobre a porta o numeral zero, isto é, 0. Estas casas formam um círculo ao redor do palácio. As outras casas são numeradas 1, 2, 3, 4, ... etc. à medida que se distanciam do palácio. Todas as outras pessoas nas casas da 1ª Avenida, quer na parte rica quer na pobre, também ganham uma quantia de 1 libra diariamente. Mas na 2ª Avenida, na parte rica, à medida que se distanciam do palácio, os ocupantes de cada casa ganham exatamente duas vezes tanto quanto os ocupantes da casa anterior. Portanto, o morador da casa n. 4 ganhará duas vezes a quantia daqueles que moram na casa n. 3. Na 3ª Avenida da parte rica as casas são ainda numeradas 1, 2, 3, 4, ... etc. à medida que se afastam do palácio, mas desta vez cada ocupante de uma casa ganha três vezes o que ganha um ocupante da casa anterior. Na 4ª Avenida, os ocupantes das casas recebem quatro vezes tanto quanto os ocupantes da casa anterior e assim por diante para todas as avenidas.

Do lado pobre as casas são numeradas com números negativos. A casa seguinte à casa-zero tem o número –1 em cada uma das avenidas, a casa seguinte é sempre –2, e assim por diante. Na 2ª Avenida, no lado pobre, à medida que alguém se afasta do palácio, os ocupantes das casas ganham metade daquilo que os ocupantes das casas anteriores obtiveram; na 3ª Avenida, um terço e assim por diante.

A todas as pessoas é atribuído um trabalho, e os olhos do mágico estão em toda parte durante o tempo todo, de modo que ele sabe se alguém executou devidamente ou não o trabalho do dia. O bom trabalho é recompensado, o mau trabalho é punido.

Ele tem um sistema de rádio de modo que pode comunicar-se com qualquer pessoa em sua casa tão logo ela retorne do trabalho. Simplesmente tem que pronunciar as palavras mágicas, e a recompensa ou punição instantaneamente acontece. Isso sempre toma a forma de uma alteração na quantia diária de dinheiro. Por exemplo:

Hocus 1 na 2ª Avenida	significa dobrar a quantia
Hocus 2 na 2ª Avenida	significa quadruplicar a quantia
Hocus 3 na 2ª Avenida	significa multiplicar a quantia por 8
Hocus 4 na 2ª Avenida	significa multiplicar a quantia por 16

Por outro lado:

Pocus 1 na 2ª Avenida	significa a metade da quantia
Pocus 2 na 2ª Avenida	significa dividir por 4 a quantia

e assim por diante.

De acordo com as regras da cidade, qualquer um que tenha sido sujeito a um "hocus" ou a um "pocus" tem que se mudar para outra casa na avenida onde as pessoas estão ganhando a mesma quantidade de dinheiro.

Logo tornar-se-á claro que no lado rico "hocus x" significa que você se distancia x casas do palácio, enquanto "pocus x" significa que você se move x casas em direção ao palácio. Portanto, "hocus" é uma recompensa e "pocus" uma punição.

No lado pobre, por outro lado, um "hocus" envolve movimento em direção ao palácio; e um "pocus" leva o recebedor para longe do palácio. (Estas são contrapartes na estória das muito importantes relações matemáticas, e como as crianças trabalham através de estórias, devem tornar-se conscientes destas relações, primeiro como propriedades da estória e mais tarde como relações matemáticas puras.)

Incidentalmente, mesmo para alguém no lado rico, uma punição "pocus" pesada poderia colocá-lo no lado pobre.

Este formidável exemplo desenvolve-se, pleno de pormenores, ao longo de pelo menos quinze páginas do texto de Dienes. A meta é a compreensão das propriedades operatórias com potências e logaritmos. Nesse caso, no entanto, muitas outras concepções são introjetadas, configurando uma situação em que os efeitos colaterais — negativos, no exemplo — sobrepujam os resultados pretendidos.

De fato, examinando com mais vagar a textura da alegoria proposta, percebemos que a forma como a realidade concreta é apresentada traduz um modo bastante discutível de concebê-la, oscilando entre uma abordagem ingênua e um pensar ideologicamente comprometido. Postula-se que existem ricos e existem pobres. A todos é atribuído um trabalho. É o desempenho que justifica a ascensão de uns, a queda de outros, desempenho este julgado pelo mágico, onipotente, onisciente, detentor do critério de verdade absoluta, capaz de manipular a realidade ao seu bel-prazer, instituindo regras, postulando novas exigências e mantendo o controle total de tudo e de todos, com "seus olhos que estão em toda parte". O dinheiro aparece como algo obtido por se ter agradado ao mágico, ou então de forma mágica, não se relacionando com o que se produz, com o seu significado econômico mais prosaico, como se sugere no trecho seguinte:

> Suponhamos agora que o mágico invente outra espécie de mágica. Decide chamá-la DIFERUS. Funciona da seguinte maneira: DIFERUS ½ significa que, esteja onde você estiver na Avenida 2½, você se muda para a 3ª Avenida... Você não vai morar lá, apenas verificar quanto as pessoas daquela casa estão recebendo a mais que você. Então, tome duas vezes a diferença e este será o seu aumento de pagamento...

Mesmo aos mais recalcitrantes à inserção da dimensão política no discurso matemático, não parece natural a caracterização da realidade da forma que o texto deixa transparecer, totalmente dependente dos caprichos de um mágico todo-poderoso.

Poder-se-ia argumentar que tais preocupações com efeitos colaterais indesejáveis assemelham-se a uma busca de chifres em cabeça de cavalo. O próprio Black, em *Modelos e metáforas* (já citado anteriormente), ressalva que

> As metáforas subordinadas que uma metáfora implica são como os harmônicos de um acorde musical: conceder-lhes demasiado peso é o mesmo que fazer com que soem tão fortemente quanto as notas principais e igualmente desatinado.

É necessário, no entanto, que no engendramento da alegoria o autor não dê margem a que as notas principais soem tão baixo que corram o risco de serem confundidas, desatinadamente, com alguns harmônicos secundários, ou que alguns desses harmônicos possam soar tão alto que só prestemos atenção a eles.

IV — Alegorias sobre o ensino de Matemática

Uma outra via através da qual o pensamento figurado pode servir de recurso pedagógico no ensino de Matemática é a das parábolas, que se destinam a sugerir uma modificação global no comportamento, nas atitudes, nas concepções gerais relativas ao tema. De passagem, examinemos dois exemplos.

1. A parábola Cocotológica

Amor y pedagogía é o título de uma interessante novela escrita na Espanha, no final do século XIX, por Miguel de

Unamuno (1986). Numa arguta reação a um positivismo exacerbado que então grassava, superdimensionando a importância da Ciência, concebida em sentido demasiadamente estrito, o autor apresenta um personagem que resolve pautar sua vida "cientificamente"; namora "cientificamente", casa "cientificamente", tem um filho "cientificamente", educa-o "cientificamente" etc., etc., etc. As consequências são previsíveis demais para que nos alonguemos em minúcias, ficando apenas registrado aqui o convite à leitura da obra de Unamuno. Nosso interesse na referência é decorrente do fato de que a referida novela apresenta um apêndice, com o título "Apuntes para un tratado de Cocotologia", cuja importância para o ensino de Matemática parece-nos extraordinária. Nele, o autor estabelece as bases de uma nova Ciência — a Cocotologia —, tratando com pormenores de seu estatuto, seus objetivos; seus métodos, das relações com as outras Ciências etc. A linguagem utilizada é cuidadosamente formal, pretensamente precisa, impregnada de termos técnicos, bem definidos, e após a leitura de umas poucas páginas sedimenta-se uma sensação muito forte de respeitabilidade pelo tema, uma aparência de erudição, uma posição de reverência pela nova Ciência que se instaura.

Literalmente, a Cocotologia é a "ciência" que trata da construção de passarinhos de papel, sempre a partir de um quadrado. Etimologicamente, a palavra é derivada de *cocotte*, palavra francesa com que as crianças se referem às aves em geral. Na construção dos "cocottes", que podem ser machos, fêmeas, hermafroditas ou neutros, percorremos um caminho linguístico que inclui "conceitos" como os de *óvulo quadrado papiráceo*, *blastotetrágono*, *endodermo*, *ectodermo*, *gástrula*, *papirácea*, *núcleo tangrâmico*, *endocerco*, *mesocerco*, *metacerco*, *protópode*, *mesópode*, *metápode*, *protocéfalo*, *metacéfalo* etc.

Em sentido figurado, a Cocotologia é a "ciência" que trata da transformação de uma banalidade em coisa de aparência séria, sobretudo através de uma sofisticação artificial e desnecessária da linguagem.

A construção da Cocotologia pode ter, para professores de Matemática, o significado de uma parábola muito fecunda. De fato, os exageros na utilização de uma linguagem pretensamente técnica, supostamente precisa, exageradamente formal costumam apresentar-se como uma efetiva fonte de dificuldades no ensino de Matemática. Quantas vezes já se terá insistido com crianças que apenas se iniciam nas ideias matemáticas na distinção "precisa" entre *número* e *numeral*, entre *polígono* e *região poligonal*? Quantas vezes já se terá tentado caracterizar nessa faixa etária uma *relação de equivalência* a partir das propriedades *reflexiva*, *simétrica* e *transitiva*, e não a partir de classificações onde, acacianamente, *equivaler* quer dizer *ter o mesmo valor*? Quanta energia já se terá dispendido na distinção entre *congruência* e *igualdade*, na referência a segmentos, ângulos ou triângulos?

A nosso ver, nesses casos, o preço que se paga pela filigrana de precisão terminológica inclui um distanciamento muito além do desejável entre a língua corrente e a linguagem matemática. Corre-se o risco, em alguns casos, de tomar os termos utilizados em Matemática tão artificialmente sofisticados quanto os da linguagem cocotológica da construção de passarinhos de papel.

2. Os fantasmas axiomáticos

Para chamar a atenção com relação ao fato de que o tratamento matemático de um tema não se limita apenas à reapresentação do mesmo em linguagem matemática nem transforma automaticamente este tema em Matemática, examinaremos agora uma construção alegórica que pode ser explorada didaticamente como uma fecunda parábola: trata-se da *Teoria axiomática dos fantasmas*. Com a intenção acima referida, tal exemplo é apresentado por Mário Bunge, em *La investigación científica* (1983).

Teoria axiomática dos fantasmas

Noções primitivas

U é um conjunto de fantasmas; E é a energia fantasmal; d é a densidade ectoplasmática; t é a idade do fantasma; N é o número de perversidades realizadas pelo fantasma até o tempo t.

Axiomas

A1: Para todo x de U, a energia de x é diretamente proporcional à densidade do ectoplasma de x e inversamente proporcional à idade de x:

$$E = \frac{k_1 d}{t} \quad (t > 0,\ k_1 = \text{constante})$$

A2: Para todo x de U, a densidade do ectoplasma de x é uma função do 1º grau do número de perversidades que x já realizou.

$$d = k_2 N + d_0 \ (k_2 = \text{constante})$$

A3: Para todo x de U, o número médio de perversidades realizadas até o tempo t é constante:

$$N_{\text{médio}} = k_3 \ (k_3 = \text{constante})$$

Teoremas mais interessantes

T1: De A1 e A2, pode-se concluir que

$$E = \frac{k_1 k_2 N + k_1 d_0}{t}$$

T2: De A3, segue que

$$N = k_3 t$$

T3: De T1 e T2, segue que

$$E = k_1 k_2 k_3 + \frac{k_1 d_0}{t}$$

T4: De T3, pode-se concluir que, quando t se aproxima do infinito, a energia tende a uma constante:

$$\lim_{t \to \infty} E = k_1 k_2 k_3$$

A partir de uma teoria assim apresentada, rapidamente muitos problemas podem ser formulados, ora sendo dados os valores de t, d, e N e pedido o valor de E, ora sendo dados t, d e E e pedido o valor de N etc. Pode-se pedir, ainda, a partir de condições iniciais bem definidas, o valor da energia fantasmal no infinito, bem como o gráfico de E em função de t, e outras tecnicidades mais.

Pode-se perceber facilmente, no entanto, que o "conhecimento" a respeito de fantasmas não avançou um milímetro sequer, em decorrência de tal formulação teórica. Também parece claro que nem mesmo a resolução de uma extensa lista de exercícios relativos ao tema dará ao mesmo um sentido "prático". De pouco adiantaria, ainda, apresentar previamente aos alunos um filme sobre fantasmas, como "material concreto" para ilustrar a aula. O tratamento dos fantasmas de modo axiomático, a despeito de matematicamente correto, permanece completamente vazio em termos de significado concreto. Tal como um bom número de temas, tratados em aulas de Matemática, nos diversos graus do ensino.

V — Conclusão: o círculo literal-figurado

Nosso ponto de partida foi a contraposição muito frequente entre a linguagem matemática, com o predomínio da denotação, da monossemia, do sentido literal, e a língua corrente, com as conotações, a polissemia, os sentidos figurados.

A meta pretendida era alertar para a importância das metáforas, das alegorias e, de uma maneira geral, dos sentidos figurados no ensino de Matemática.

Intencionalmente, deixamos de lado tanto a utilização de termos ou expressões matemáticas na linguagem ordinária em sentido figurado, quanto o emprego de expressões do mesmo tipo em outras áreas do conhecimento, como a Psicologia, onde necessariamente estariam presentes os sentidos metafóricos.

Tratamos, então, exclusivamente, de apresentar exemplos de situações concebidas para o ensino da própria Matemática e examinamos tanto a utilização de metáforas ou alegorias arquitetadas para facilitar a aproximação de determinados assuntos quanto parábolas destinadas a servir de alerta com relação a certos desvios na docência que conduzem a abusos no formalismo ou na linguagem. Especialmente se nos abríssemos às ciências em geral, os exemplos poderiam ser facilmente multiplicados: o Paradoxo de Russell, o Demônio de Maxwell, o Gato de Schröndinger, a Função de Sísifo, a Razão Áurea etc.

O próprio terreno da Epistemologia revela-se especialmente fecundo para a semente metafórica. Quando Granger, em *Filosofia do estilo*, compara os estilos cartesiano e arguesiano, examinando as linguagens utilizadas por Descartes e Desargues em seus trabalhos sobre Geometria — escritos no mesmo país, na mesma época, submetidos, portanto, a influências externas razoavelmente similares, ele caracteriza a linguagem cartesiana como direta, literal, enquanto a arguesiana seria impregnada de metáforas. Não há referências, na arguta análise grangeriana, a um fato notável, que nos parece decisivo para uma apreciação adequada da ausência de metáforas no texto cartesiano: a "Geometria" cartesiana é um dos três apêndices de *O discurso do método*, em que o autor visava a uma ilustração de seu método para "bem conduzir a própria razão e procurar a verdade nas ciências". Quando, no entanto, examinamos o texto de *O discurso*, encontramos, apenas nas dez páginas iniciais, mais de trinta metáforas, algumas delas absolutamente fundamentais na obra cartesiana. Considerando-se, portanto, *O discurso* e seu apêndice conjuntamente, as metáforas não seriam características distintivas entre Descartes e Desargues. Uma análise mais cuidadosa desse ponto mereceria todo um ensaio e não apenas algumas linhas. Fica aqui apenas o registro do indício de uma possível inevitabilidade do recurso à metáfora, mesmo em textos que intencionalmente procuram evitá-la.

Ainda no que se refere à justificação do conhecimento, o denso trabalho de K. R. Popper, *Conhecimento objetivo* (1975), fornece novos indícios da inevitabilidade do recurso à metáfora: a despeito do teor da obra, algumas de suas páginas mais brilhantes têm como título "De nuvens e relógios" e tratam, metaforicamente, da racionalidade e da liberdade do homem.

Para continuar nessa direção, no entanto, seria necessário que examinássemos com mais vagar o caráter essencial — e sem trocadilhos —, a função e os limites do pensamento figurado no ensino de Matemática e nas ciências. Seria necessário aprofundar, então, a caracterização do pensamento figurado como o protocientífico, a caminho do científico, ou situá-lo na linha de frente da pesquisa, como o recurso fundamental para a compreensão do novo. Naturalmente, o "ou" acima não é exclusivo. Quando Max Black (1966) afirma que:

> Talvez toda ciência tenha que começar com metáforas e terminar com álgebra; e é possível que sem a metáfora nunca houvesse existido álgebra alguma

não se pode inferir daí que a construção do conhecimento segue uma via de mão única que conduz da metáfora à álgebra, do sentido figurado ao literal. Na verdade, o pensamento algébrico, ainda quando literal no sentido literal, engendra legítimas metáforas sistêmicas, não-tópicas, possibilitando fecundas transferências globais de significados entre contextos bastante diversos. No interior da própria Matemática, o literal e o figurado interagem continuamente, numa ação recíproca cuja representação aproxima-se muito mais de um círculo do que de um vetor. Nesse sentido é que se podem compreender proposições matematicamente corretas como são as que afirmam ser o conjunto das soluções de uma equação diferencial linear ordinária de 2ª ordem um "espaço vetorial de dimensão 2".

Analogamente, no que se refere ao ensino de Matemática, é notável e sintomática a utilização que Van-Hiele faz da moderna Teoria das Categorias, no seio da Álgebra Homológica, para caracterizar os níveis de conhecimento e os processos de aprendizagem: cada nível seria uma categoria; o processo que conduz de um nível até outro não passaria de um funtor [...] (Van-Hiele, 1986).

Numa palavra, a permanente transação entre os sentidos literal e figurado é o motor dos processos criativos, das iniciativas diante do novo, das transcendências da imaginação. Em tais situações, tão frequentes na construção do conhecimento como nos processos de ensino, a primeira como a última palavra parece estar sempre com a metáfora, com a imaginação.

3

O jogo como alegoria: a parábola da Torre de Hanói

Vivendo e aprendendo a jogar
Vivendo e aprendendo a jogar
Nem sempre ganhando
Nem sempre perdendo
Mas aprendendo a jogar

Guilherme Arantes

A sorte embaralha as cartas
e nós jogamos.

Schopenhauer

Quando se analisa o papel dos jogos nas atividades didáticas, muito frequentemente, duas dimensões sobressaem a todas as outras: a lúdica em sentido estrito, com ênfase no divertimento, na brincadeira, na arquitetura das estratégias vencedoras, e a que diz respeito aos aspectos prático-utilitários envolvidos (jogos para introduzir certos temas, como frações, ou para o exercício e a fixação de técnicas operatórias). Em ambos os casos, permanece-se no universo semântico do jogo em si, com a predominância das interpretações literais, tanto das regras quanto das ações envolvidas.

Em qualquer jogo, no entanto, quase sempre estão presentes significações metafóricas, que sobrelevam todas as outras, caracterizando uma dimensão alegórica cuja importância, a nosso ver, tem sido mitigada. Os elementos envolvidos nesta dimensão da análise transcendem o jogo em si, preparando o terreno para uma desejável transferência de certos hábitos e atitudes, cultivados ao longo da utilização dos jogos, para o conjunto das atividades educativas, levadas a efeito na escola ou fora dela.

De fato, quando os jogos são considerados em sentido amplo, não se trata de uma vindicação insólita a que põe em relevo sua dimensão alegórica: esta talvez seja a única via para a compreensão do fascínio exercido pelas atividades esportivas, ou pelas loterias em suas múltiplas versões. Como explicar o envolvimento emocional do público nos estádios, na "batalha" que se trava dentro das linhas do campo, numa partida de futebol ou de tênis, por exemplo, senão quando se atenta para o fato de que tanto os atletas quanto as torcidas encontram-se irmanados na cumplicidade da representação de uma implícita alegoria? Como entender a desconsideração dos apelos da razão, da frieza das probabilidades matemáticas, e a entrega a uma expectativa de ganho através de uma inescrutável sintonia entre o cosmos e o jogador, alimentada por alegações do tipo "hoje é meu dia de sorte", senão quando se encara a própria vida como um jogo no qual ganhar ou perder são contingências na realização de um plano global que desconhecemos?

De um modo geral, a assimilação da vida a um jogo continuado, ou do conhecimento a uma extensa metáfora são imagens fortes que renitem em produzir-se, tanto em contextos filosóficos quanto no senso comum, e que não podem ser de plano ignoradas; entretanto, a reflexão sobre paralelismos desta estirpe conduziria este trabalho a uma extrapolação abusiva de seus limites.

Retornando, então, ao jogo enquanto atividade didática, examinemos dois aspectos que contribuem para a caracterização de sua dimensão alegórica, cuja importância, a nosso ver, é necessário incrementar. Eles dizem respeito à aceitação de desafios em conteúdos escolares, sobretudo nas avaliações, e ao desenvolvimento em sentido amplo da capacidade de projetar.

Com relação ao primeiro ponto, registramos aqui uma experiência interessante de que tomamos ciência há alguns anos a partir do relato do próprio professor envolvido.

Tendo decidido tratar de jogos em suas aulas de Matemática com alunos de 7ª série, o referido professor escolheu o jogo de Damas e a ele passou a dedicar uma de suas aulas semanais. Inicialmente, durante várias aulas, explorou o tabuleiro, sua geometria, a contagem das casas, a localização de cada uma, como em um sistema de coordenadas, utilizando linhas e colunas etc. Depois, tratou do jogo em si, das regras, de combinações simples de movimentos. Aos poucos, no entanto, ao longo do ano letivo, os alunos começaram a interessar-se pelo delineamento de estratégias e, segundo o professor, alguns passaram a jogar Damas razoavelmente bem.

A experiência foi bem-sucedida, tendo motivado os alunos para as aulas de Matemática e servido também para o desenvolvimento de algumas noções do conteúdo envolvido. Entretanto, segundo o julgamento do professor, o "produto" mais interessante que resultou da experiência não foi planejado por ele, tendo surgido em seu trabalho como um efeito inesperado, apesar de absolutamente desejável. Tratou-se de uma transferência de aceitação dos desafios; dos jogos, onde eles sempre foram encarados com naturalidade, para o conteúdo matemático, onde anteriormente eram recebidos com restrições. Assim, nas avaliações, os alunos passaram a enfrentar problemas novos, sem similares previamente resolvidos em sala de aula, tanto nos jogos quanto no conteúdo matemático. Este produto da utilização de jogos não decorreu diretamente nem do jogo em si, nem da formação de exímios jogadores, ou do conteúdo matemático ensinado através do jogo, mas sim de uma atitude cultivada durante todo o processo, como se através dele fosse transmitida uma mensagem implícita, sobre a importância e a pertinência dos problemas desafiadores.

Com relação à capacidade de projetar, parece um fato patente que o desenvolvimento de tal capacidade situa-se entre os valores mais almejados tanto pela Ciência, de uma maneira geral, quanto pelo homem comum, em suas atividades cotidianas. No que diz respeito à Ciência, projetam os engenheiros, os arquitetos, os administradores em seus planejamentos, mas projetam igualmente todos aqueles que concebem quaisquer planos de ação, com o objetivo de transformar situações existentes em situações desejadas, ou todos os que arquitetam explicações de qualquer natureza, desde as deduções formais até as justificativas para a escolha da marca do carro, ou para a perda do campeonato pelo seu time favorito.

Este bem supremo, acima do bem e do mal — a capacidade de projetar —, sem dúvida tem o seu desenvolvimento propiciado pela utilização pertinente e sistemática de jogos em atividades didáticas. E novamente aqui a obtenção de tal "produto" encontra-se diretamente relacionada com a percepção global do jogo, das alegorias que evoca, as quais possibilitam a transferência de competência em projetar da concretude das estratégias do jogo para a realidade concreta das ações humanas.

Para que seja possível pôr em relevo a dimensão alegórica do jogo em atividades didáticas, examinaremos com mais vagar um jogo muito simples, que pode ser utilizado — e o é

— desde a pré-escola até o 2º grau, ou mesmo em computadores, envolvendo desafios de complexidade crescente: trata-se da Torre de Hanói.

Este jogo tem origem em um mito indiano segundo o qual o centro do mundo encontra-se sob a cúpula de um templo situado em Benares, na Índia. Neste centro, haveria uma placa de latão onde estariam fixados três pinos de diamante. Ao criar o mundo, Brahma teria colocado em um desses pinos sessenta e quatro discos de ouro, apoiados um sobre o outro, de diâmetros decrescentes, estando o maior junto à placa e o menor no topo da pilha. Esta seria a Torre do Brahma. Segundo as leis imutáveis por ele criadas, os sacerdotes do templo teriam sido incumbidos de transferir a pilha de discos para um dos outros dois pinos, trabalhando, desde então, dia e noite, sem cessar, seguindo apenas duas regras básicas: deve-se mover apenas um disco por vez e nunca se deve colocar um disco sobre outro menor do que ele. Segundo o mito, a vida decorrerá durante a realização de tal tarefa de transferência, e, assim que os sacerdotes consigam levar a cabo a missão que receberam, o templo transformar-se-á em pó e o mundo desaparecerá, com o estrondo de um grande trovão.

No mundo ocidental, o jogo Torre de Hanói foi inventado, a partir do mito, pelo matemático francês Édouard Lucas e vendido como brinquedo em 1883. A princípio, a autoria do brinquedo era atribuída ao professor "Claus", do Colégio "Li-Soustian", mas logo se descobriu que as palavras entre aspas eram anagramas de Lucas e de Saint Louis, nomes do autor e do colégio em que lecionava. Na forma original como brinquedo, os discos eram em número de oito e as regras eram as mesmas enunciadas no mito.

Entre nós, este jogo é comumente encontrado com nove discos, de três cores que se alternam — em geral, azul, vermelho e amarelo.

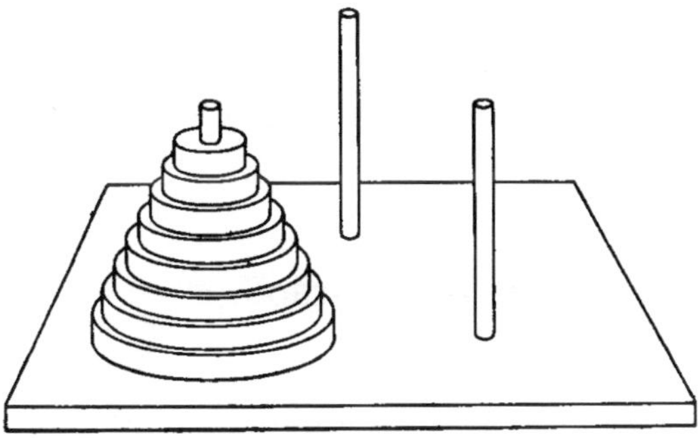

Torre de Hanói

Na pré-escola, a Torre pode ser utilizada como jogo livre, com regras simples para separação de cores ou tamanhos. A partir da 4ª ou da 5ª séries, pode-se jogar segundo as duas regras básicas e o jogo possibilita uma série de explorações interessantes, no caminho para a descoberta da estratégia ótima para alcançar o fim almejado. Em classes de 2º grau, a Torre pode ser utilizada ainda para o desenvolvimento de noções relacionadas com o Princípio da Indução Finita, já que facilmente se percebe, na realização do jogo, que uma vez efetuada a transferência com *n* discos, uma repetição mecânica de passos já realizados conduzirá à realização da transferência para n + 1 discos. Além disso, o número mínimo de movimentos necessários para efetuar a transferência de uma pilha de n discos é dado pela fórmula 2^n-1, o que também pode ser justificado pelo Princípio da Indução Finita.

No entanto, não nos interessa examinar neste momento nenhum destes aspectos técnicos. Restringiremos as considerações, a partir de agora, à dimensão alegórica do jogo, presente, aliás, desde a sua origem mítica. Destacaremos aquelas que dizem respeito mais diretamente à construção do conhecimento na sala de aula, procurando evidenciar como a utilização da

Torre pode funcionar como uma fecunda parábola, uma comparação sob medida, que ilumina alguns aspectos do trabalho docente que consideramos absolutamente fundamentais.

A Torre e a lapidação da intuição

A Torre é um jogo de aparência e regras muito simples, sugerindo uma facilidade para atingir-se o objetivo fixado — a transferência da pilha de discos de um pino para outro —, que é, sem dúvida, ilusória. Com efeito, como o número mínimo de movimentos necessários para transferir n discos é 2^n-1, este número cresce muito rapidamente com *n*, o que contribui para uma perda na capacidade de intuir-se o tempo utilizado no jogo. Com 9 discos, o número mínimo de movimentos é 2^9-1, ou seja, 511 movimentos. Realizando um movimento por segundo, sem cometer erros, o objetivo final seria atingido em cerca de 8 minutos e meio. Com 12 discos, o número de movimentos necessários é $2^{12}-1$, ou seja, 4.095. Nas mesmas condições anteriores, seria necessário o tempo de pouco mais de uma hora de jogo. Com 64 discos, o número de movimentos necessários é $2^{64}-1$, ou seja, 18.446.744.073.709.551.615; movendo um disco por segundo, seriam necessários cerca de *6 bilhões de séculos* para completar o jogo! Como as estimativas mais frequentes para a existência de vida na Terra não passam de uns poucos milhões de anos, a profecia contida no mito que deu origem ao jogo não deve preocupar a nenhum mortal.

O fato, no entanto, é que tal resultado é absolutamente contraintuitivo, e se fosse permitido a qualquer pessoa, a quem a transferência dos 64 discos tivesse sido solicitada, cobrar pelo serviço a ser realizado, dificilmente seria cobrado o preço justo...

Resultados contraintuitivos como esse podem ser explorados didaticamente de maneira muito fecunda. Sempre que nos deixamos guiar por impressões intuitivas, é necessário um exame posterior dos passos que conduziram às conclusões alcançadas, sobretudo quando se torna evidente que a intuição nos enganou.

Em cada um de nós, a intuição é como uma pedra preciosa, mas em estado bruto: ela precisa ser lapidada. A Torre pode ser um instrumento útil para essa lapidação.

A Torre e o papel do professor

Mesmo quando se entrega uma Torre com apenas 9 discos a uma criança, para jogar segundo as regras fixadas, é muito provável que ocorra a desistência, após alguns minutos de tentativas. Os 511 movimentos necessários para realizar a tarefa sem erros constituem um obstáculo muito grande para ser transposto de uma só vez. É fundamental, neste ponto, a intervenção do professor na construção paulatina de degraus adequados, que conduzirão, ao final, ao objetivo desejado. Começando com apenas dois discos, o jogo torna-se muito simples, realizando-se com apenas 3 movimentos. Depois, com 3 discos, completa-se a transferência com 7 movimentos, ao mesmo tempo em que se observa certa repetição nos movimentos correspondentes aos dois discos. Esta repetição vai ajudar a realização do jogo com 4 discos, e assim por diante. Aos poucos, o problema inicial é reduzido a uma cadeia de problemas mais simples que conduzem gradativamente ao objetivo pretendido. A arquitetura desses degraus constitui, sem dúvida, uma das funções mais essenciais a serem desempenhadas pelo professor, em qualquer tema.

Como veremos mais adiante, é possível trivializar o jogo, a partir de algumas regras para movimentar os discos, que impedem quaisquer desvios, conduzindo inexoravelmente ao estado final com o número mínimo de movimentos. Quando se chega até essas regras de modo construtivo, compreendendo-se todas as etapas do processo de construção, adquire-se uma tal consciência na realização da transferência que a razão dos movimentos torna-se mais clara, enriquecendo-se o significado do jogo. Quando, no entanto, imediatamente após apresentar a Torre, o professor se apressa em apresentar as regras que garantem o pleno êxito, sem se preocupar em fazê-las resultar de um processo de construção, raros serão os alunos que se interessarão pelo jogo, precocemente trivializado, sem uma problematização prévia.

Em temas relativos ao conteúdo que leciona, ocorre com certa frequência esse açodamento na enunciação de regras, como um oferecimento de portas de saída para dificuldades nas quais os alunos ainda não penetraram. O resultado mais comum associado a esse procedimento são as demonstrações de desinteresse, a falta de entusiasmo. Alegoricamente, a Torre pode servir de alerta para desvios desse tipo.

A Torre, soluções boas e soluções ótimas

De um modo geral, os problemas relativos ao conteúdo que soem ser apresentados em sala de aula são tais, que os alunos subdividem-se automaticamente em dois grupos: o dos que conseguem e o dos que não conseguem resolvê-los. É verdade que alguns problemas podem conduzir a diferentes soluções, mas, apesar disso, predomina a polarização entre o ser capaz e o não ser capaz de os resolver.

A utilização da Torre pode matizar de uma maneira muito natural esta polarização. De fato, com a arquitetura dos degraus ensejada pelo professor, o resultado esperado é que todos os alunos atinjam o objetivo proposto. Com 3 discos, por exemplo, todos conseguem prontamente realizar a transferência. Ocorre, no entanto, que nem todos a realizam pelo caminho mais curto: alguns necessitam de 8, 9 ou mesmo 10 ou mais movimentos, quando sabemos que o número mínimo de movimentos neste caso é 7. Após a constatação de que todos atingiram a situação final, cabe, então, ao professor, uma tarefa complementar: a crítica da solução encontrada, tendo em vista sua otimização. Aos poucos, com análises simples, consegue-se que todos realizem a transferência com o número mínimo de movimentos.

O fato de que todos resolvem o problema proposto minimiza a sensação desagradável, a desmotivação resultante da polarização resolver/não resolver. Todas as soluções encontradas são boas e a existência de uma solução ótima funciona como um estímulo a mais para o prosseguimento da investigação.

De uma forma ou de outra, seria muito interessante a irradiação para problemas de quaisquer tipos de uma atitude semelhante à estimulada pela utilização da Torre.

A Torre, o fazer e o explicar

Mesmo quando os alunos já conseguem realizar os movimentos que conduzem à transferência da pilha de discos pelo caminho mais curto, no momento em que se pede que expliquem como o fizeram, a maior parte deles não encontra palavras para descrever as ações que realizaram com tanta desenvoltura. Sabem como fazê-lo, mas não têm ainda um nível de consciência das ações suficiente para explicá-las.

Prosseguindo no jogo, no entanto, à medida que o número de discos aumenta, aumenta também a complexidade das ações, tornando-se cada vez mais necessária uma maior compreensão das razões determinantes das opções levadas a efeito. Este fato, tão facilmente percebido durante o jogo, é muitas vezes descurado nas atividades docentes rotineiras, trazendo como consequência uma exigência prematura da capacidade de explicar, de descrever ações de cuja realização ainda não se tem uma ideia clara.

O resultado mais frequente do desvio apontado acima é a identificação do conhecimento com um verbalismo destituído de significações, ou, no terreno propriamente matemático, onde a oralidade desempenha um papel bem menos expressivo, uma sensação muito forte de paralisia, de impotência.

A Torre e a notação simbólica

Quando se trabalha com a Torre em sala de aula, a construção de uma notação simbólica para os movimentos a serem efetuados certamente não se impõe como uma necessidade *a priori*, condição *sine qua non* para o desenvolvimento do jogo. Entretanto, a importância do registro aos poucos vai tomando corpo, até chegar a caracterizar-se plenamente como uma necessidade. Por exemplo, quando se é obrigado a interromper a sequência de movimentos por alguma razão, para retomá-la depois de algum tempo, ou quando se pretende comparar caminhos percorridos por diferentes jogadores, as anotações das transferências revelam-se muito úteis.

Ao emergir tal necessidade, ocorre naturalmente na classe uma multiplicidade de sugestões de formas de registro: disco amarelo no pino do meio, disco azul no pino da direita, ou, então, disco amarelo pequeno no pino da esquerda, disco vermelho grande no pino central etc. A complicação operacional de um registro tão prolixo, aliada à relatividade de noções como direita ou esquerda, conduz a que se construa, paulatinamente, uma notação sintética mais adequada, que pode ser a seguinte: nomeamos os pinos A, B, C e numeramos os discos de 1 a *n*, a partir do topo. Assim, para indicar que o disco 1 foi transferido para o pino B, registramos: 1B. O registro completo de uma sequência de movimentos para a transferência de 3 discos pode reduzir-se, então, à seguinte sucessão:

1B, 2C, 1C, 3B, 1A, 2B, 1B.

Com um disco a mais, o registro completo dos movimentos pode ser o seguinte:

1B, 2C, 1C, 3B, 1A, 2B, 1B, 4C, 1C, 2A, 1A, 3C, 1B, 2C, 1C.

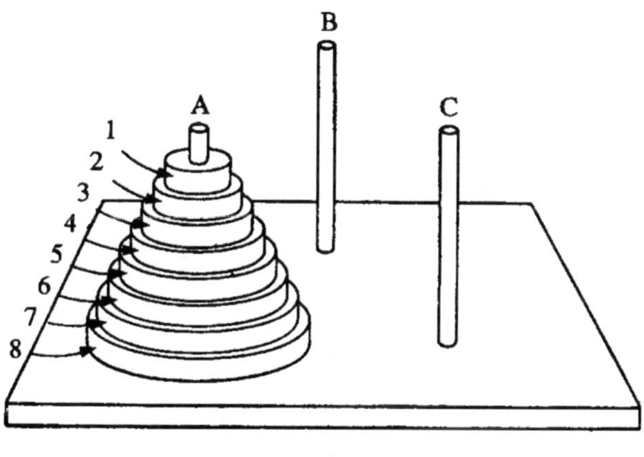

Observando estes e outros registros semelhantes, muitas conclusões interessantes podem ser alinhavadas:

- o menor disco (n. 1) move-se alternadamente, uma vez sim, outra vez não;
- em seus movimentos, o disco n. 1 percorre o circuito "A B C", formado pelos três pinos, sempre no mesmo sentido (1B, 1C, 1A, 1B, 1C, 1A, ...);
- etc.

Todas essas possíveis observações poderiam perfeitamente resultar das ações, independentemente do registro; no entanto, não há dúvida sobre o papel facilitador que uma notação conveniente pode desempenhar.

Alegoricamente, este caminho paciente na elaboração de uma notação adequada, aliado à compreensão da fecundidade do formalismo resultante, relaciona-se estreitamente com o processo de construção do conhecimento em qualquer área.

A Torre e o sentido da vida

A associação alegórica entre o desenvolvimento do jogo com a Torre e o desenrolar da própria vida, enraizada no mito indiano, pode parecer, em um primeiro momento, surpreendente e descabida; no entanto, uma análise mais acurada pode deixar entrever algumas razões para tal fato.

A razão mais fundamental, a nosso ver, é a que diz respeito à progressiva conscientização, fundada nas ações, que a prática do jogo propicia.

De fato, ainda que de forma muito resumida, podemos estabelecer relações analógicas como as seguintes:

- jogar sem regras fixadas, transferindo discos ao acaso, ao sabor dos impulsos, é acessível a todos, desde o nível mais primário;
- jogar com regras fixadas já conduz a alguma seleção, em que uns jogam menos eficientemente que outros, ou não se interessam pelo jogo, ou não conseguem jogar;
- jogar com consciência crescente, sendo capaz de descrever os movimentos, de explicá-los, exige um aprimoramento constante, que conduz, naturalmente, à teoria do jogo;

- viver sem "regras", sem metas, objetivos ou projetos é o nível mais primário da existência;
- viver de acordo com as "regras" já conduz a alguma seleção, na qual ocorrem diferenciações na perseguição dos objetivos, violações de regras etc.;
- viver com consciência crescente, compreendendo progressivamente mais e mais as ações intentadas, exige um aprimoramento intelectual constante, o que inclui, em algum nível, uma aproximação do conhecimento em sua dimensão filosófica.

Por mais simplificadas que pareçam, consideramos que relações como estas podem ser exploradas ao longo do jogo, com fecundidade e consistência. Se um povo como o hindu estabeleceu um paralelismo como o referido, a ninguém pode ser permitido classificá-lo, de pronto, como irrelevante.

Afinal, como afirma frequentemente, em sua singela filosofia, o brasileiro contemporâneo Renato Aragão, "quando o povo fala, ou foi, ou é, ou será...".

Conclusão

Ao final deste percurso alegórico-delirante, algumas observações precisam ser registradas, à guisa de conclusão.

A primeira delas é que, apesar da riqueza do jogo, a Torre é apenas um exemplo para ilustrar a dimensão alegórica do jogo, cuja importância pretendemos ressaltar. Outros exemplos igualmente interessantes poderiam ser o jogo de XADREZ, o BARALHO, a SINUCA etc. Indícios eloquentes da fecundidade desses novos exemplos são expressões tão comuns na linguagem ordinária como são "pôr em xeque", "servir de curinga" ou "estar numa sinuca".

Uma outra observação diz respeito aos jogos esportivos, que envolvem multidões de torcedores, e que apenas tangenciamos nas considerações precedentes. Seria muito oportuna uma análise mais acurada do tema, o que poderia evidenciar, a nosso ver, a natureza alegórica de fatos tão comuns como a identificação quase automática da torcida com a equipe mais fraca, quando não se está diretamente envolvido na disputa.

Muitas outras questões relativas ao papel do jogo na construção do conhecimento, que apenas afloraram, aqui e ali, ao longo do texto, mereceriam uma análise mais demorada.

Afinal, de todas as tentativas realizadas para definir o homem, como "um animal racional", ou "um animal econômico", ou "um animal que fala", há uma que, a nosso ver, permanece carente de uma exploração mais consistente: segundo o poeta inglês C. Lamb (1775-1834), "o homem é um animal que joga".

4

Avaliação educacional: considerações liminares

Introdução: medida e avaliação

Em tempos recentes, instaurou-se entre nós um aparente consenso no que se refere às relações que podem ser estabelecidas entre as noções de Avaliação e de Medida em contextos educacionais. Um exemplo de tal consenso parece revelar-se na própria forma de organização de um recente Seminário Nacional sobre Medidas Educacionais:* embora visasse ao desenho de um Sistema Nacional de Avaliação da Educação Básica, não foi incluído entre os temas de seus cinco grupos de trabalho qualquer referência à análise das relações entre as concepções de Medida e de Avaliação. A um observador açodado, poderia até mesmo parecer que existiria subjacente à elaboração do temário uma quase identificação entre o avaliar e o medir; termos como "aferir" ou "aferição", tão frequentemente associados a instrumentos de medida, são

* Seminário sobre Medidas Educacionais. MEC/Inep/Saeb, Brasília, jun. 1992.

usados diversas vezes em expressões em que as ideias de avaliação ou de medida identificam-se ou amalgamam-se.

Mais prudentemente, poder-se-ia depreender que o aparente consenso fundar-se-ia numa distinção estabelecida sobretudo nos Estados Unidos, a partir de 1940, onde os textos sobre métodos "científicos" em Educação deixaram de ter em seus títulos apenas expressões como "Medidas Educacionais" (*Educational Measurement*) ou "Medidas em Educação" (*Measurement in Education*) para passar a incluir o termo "Avaliação" (*Evaluation*), quase sempre conjuntamente com o termo "Medida" (*Educational Measurement and Evaluation*). Nesse contexto, "avaliar" significa "apurar o valor, estimar cuidadosamente" (Remmers e Gage, 1943, p. 21), enquanto "medir" seria "o ato ou processo de determinar a extensão de uma grandeza pela comparação com um padrão". Em decorrência, a avaliação seria uma noção mais abrangente, que incluiria a medida como caso particular. Alguns autores sugerem ainda a seguinte analogia, para esclarecer o significado dos dois termos: "Avaliação está para validade assim como Medida está para precisão" (Remmers e Gage, 1943, p. 22).

No mesmo sentido, Noll (1957) também reforça tal relação analógica, distinguindo os usos dos verbos "testar", "medir" e "avaliar"; o primeiro deles seria o mais técnico em sentido estrito, limitando-se a um instrumento particular para a determinação de certa propriedade específica; medir já teria um sentido um pouco mais amplo, que incluiria maior variedade de instrumentos ou escalas, bem como, algumas vezes, certa necessidade de interpretação dos resultados; avaliar, no entanto, seria o processo mais amplo, envolvendo juízos de valor e o emprego de instrumentos tanto quantitativos como qualitativos. Naturalmente, essa escalada na abrangência está associada a um decréscimo na objetividade, que encaminha, frequentemente, os debates sobre as relações entre os termos em questão para uma aproximação crescente entre a avaliação e a medida, na expectativa, talvez, de um casamento feliz entre a precisão e a abrangência. Tal intenção nupcial contribui para sedimentar o amálgama da avaliação como um juízo de valor fundado em um processo de medida, com a medida como a dimensão objetiva do processo de avaliação.

Do ponto de vista prático, no entanto, a maior abrangência da avaliação não impede que ela resulte excessivamente dependente dos processos de medida em sentido demasiadamente estrito, a ponto de algumas de suas dimensões mais significativas resultarem minimizadas ou obscurecidas.

É precisamente nesse ponto que vamos agora nos deter. A nosso ver, para recuperar as componentes mais fundamentais no estabelecimento de relações pertinentes entre as ideias de avaliação e de medida, é necessário um afastamento decidido tanto de uma identificação simplista entre as duas noções quanto de uma ordenação putativa onde um dos termos é simultaneamente mais abrangente e dependente do outro. Para um equacionamento mais adequado das referidas relações, é necessário ultrapassar a tentação do significado literal: literalmente, avaliar não é medir; nem matematicamente, nem fisicamente; nem exatamente, nem em termos aproximados.

Naturalmente, isso não significa que a frase "avaliar é medir" é falsa ou destituída de sentido; pelo contrário, ela é inteiramente pertinente e rica em significados. Tão rica quanto são as frases que se seguem: "o governante é um timoneiro", "o universo é um organismo", "o universo é um mecanismo", "a linguagem é um órgão", "o átomo é um sistema solar", "o elétron é um peixe solúvel", "os *quarks* são coloridos", "a consciência é um holofote", "as funções são máquinas" etc. Cada uma delas traduz uma cooperação entre ideias, uma transação entre contextos, uma forma imaginativa de racionalizar, uma "simpatia secreta entre conceitos", na inspirada imagem de

Borges. Em cada caso, diz-se B para significar A, com base na analogia, na semelhança de relações. São fecundas metáforas, que favorecem a interação entre campos semânticos substantivamente distintos, propiciando uma transferência de relações significativas que passam a iluminar um deles alimentadas pela energia que extraem do outro. Tratam-se de imagens unificadoras, de expressões simbólicas com características modelares, portadoras de possibilidades dedutivas. Não se trata de proposições a que se podem associar valores-verdade: dizer-se de cada uma delas "é verdadeira" ou "é falsa" seria, segundo a expressão de Ryle, um "erro categórico". O valor de cada uma delas decorre da compreensão que irradia e não da verdade que transporta. São como máscaras que recobrem rostos complexos, simplificando-os, ao porem em evidência apenas traços fundamentais segundo determinado ponto de vista, mas que não se identificam com os rostos que recobrem.

A frase "A Avaliação Educacional é um processo de Medida" traduz, então, como nas outras frases citadas, uma imagem metafórica bastante fecunda, com imensas possibilidades dedutivas. Não obstante este fato, o paralelismo entre as duas noções não poderá, nunca, eludir as diferenças fundamentais entre os dois processos, um dos quais caracteriza-se pela riqueza e complexidade de um rosto, do qual a máscara da medida não passa de tosca simplificação. Como nos casos anteriormente citados, o que está em tela não é a caracterização de tal proposição como verdadeira ou falsa, mas, sim, a percepção dos traços significativos representados na imagem metafórica, bem como dos elementos que distinguem a máscara do rosto. Em qualquer dos casos referidos, a pertinência da significação literal ou uma ordenação que estabeleça a dominância de um dos elementos postos em interação está absolutamente fora de questão.

Neste trabalho, propomo-nos, então, a analisar a frase "A Avaliação Educacional é um processo de Medida" como uma fecunda imagem metafórica que inter-relaciona dois campos semânticos fundamentais do ponto de vista educacional, possibilitando transferências mútuas e esclarecedoras. Inicialmente, examinaremos alguns aspectos históricos relacionados com os termos "avaliação" e "medida", buscando evidenciar que a identificação ou a ordenação atuais, determinantes do consenso suprarreferido, não têm raízes muito fundas, constituindo, até certo ponto, um retrocesso conceitual. Depois, procuraremos explorar a imagem metafórica sugerida para apreensão das relações entre o par medida/avaliação, buscando tirar proveito tanto das convergências quanto das divergências nas relações significativas. Finalmente, buscaremos deslocar o centro de gravidade da tarefa de avaliar das tecnicidades da ideia de medida para a riqueza e a complexidade da ideia de valor, procurando amealhar, ao longo de todo o percurso, consequências pedagógicas das análises realizadas.

Avaliação em Educação: o fascínio da medida

Ao que tudo indica, processos seletivos, de controle ou de avaliação da aprendizagem sempre estiveram associados às atividades humanas em suas múltiplas dimensões. Em seus primórdios, a forma predominante de tais processos era, naturalmente, a oral. A *Bíblia* registra, no Velho Testamento, um episódio com todas as características de um exame oral, quase tão "objetivo" e massacrante quanto os vestibulares atuais. Na disputa entre os homens de Gileade e os de Efraim, os gileaditas tomaram os vaus do rio Jordão, que conduzem a Efraim:

> Quando qualquer fugitivo de Efraim dizia: "Quero passar", então os gileaditas perguntavam: "És tu efraimita?" Se respondia: "Não", então lhe tornavam: "Dize, pois, CHIBOLETE"; quando

> dizia SIBOLETE, não podendo exprimir bem a palavra, então pegavam dele e o matavam nos vaus do Jordão. E caíram de Efraim naquele tempo quarenta e dois mil. (Juízes, 12:5)

Naturalmente, não seria necessário ir tão longe para buscar exemplos. Cerca de quatro séculos antes de Cristo, Sócrates construiu um processo pedagógico — a *maiêutica* — por meio do qual as múltiplas perguntas e respostas, diligentemente arquitetadas, funcionavam como motor da aprendizagem, impregnada em todos os momentos da correspondente avaliação.

No que se refere à forma escrita, apesar de tais exames terem, provavelmente, uma origem mais recente do que os orais, eles não são, nem de longe, um instrumento com origem moderna. Há registros pormenorizados de um severo Sistema Nacional de Exames para a seleção de funcionários públicos na China, por volta do ano 2200 a.C.:

> Confinados em celas isoladas por horas, os candidatos eram compelidos a escrever longos textos ou tratados sobre tópicos determinados. (Greene et al., 1953, p. 20)

O advento da imprensa pode ter favorecido a convivência e a complementaridade entre os exames orais e escritos. Paulatinamente, no entanto, em decorrência de múltiplas razões, entre as quais se encontra o aumento no número de candidatos, acentuou-se o predomínio dos exames escritos, restringindo-se a forma oral a algumas situações específicas ou às etapas finais de processos seletivos mais amplos.

Estas brevíssimas referências históricas não têm qualquer outra pretensão senão chamar a atenção para um único ponto: a despeito da permanente intenção de objetividade, no sentido do propósito de discernir o joio do trigo, em suas raízes mais fundas, os processos de avaliação/seleção estão muito menos relacionados com a ideia de medida em sentido físico e muito mais próximos das características de um instrumento "indiciário" de apreensão da competência. A estimativa do valor do conhecimento em exame não está tão diretamente comprometida com uma quantificação numérica quanto com uma captação de indícios representativos de sua presença, de pormenores que se articulem significativamente para revelar os elementos essenciais de tal conhecimento. A tarefa do avaliador teria, originariamente, um caráter venatório, não na intenção de abater a caça, mas no sentido de constituir-se em permanente exercício de interpretação de sinais, de indícios.

A partir da segunda metade do século XIX, em decorrência, sobretudo, do vendaval positivista, as velas da nau científica inflaram-se, deslocando-a numa orientação caricatamente quantitativa, antiantropocêntrica, tendo como paradigma exclusivo as ciências da natureza pós-galileanas. As ciências humanas — entre elas, a Educação — foram acuadas, segundo Ginzburg (1989), em um desagradável dilema:

> ou assumir um estatuto científico frágil para chegar a resultados relevantes ou assumir um estatuto científico forte para chegar a resultados de pouca relevância. (Ginzburg, 1989, p. 178)

O canto da sereia do rigor científico soou, então, mais forte, abafando o balbucio inarticulado de um incipiente paradigma indiciário, que apenas em tempos recentes ensaia os primeiros passos no sentido de uma respeitabilidade científica. (Ver, a respeito, o ensaio *Sinais: raízes de um paradigma indiciário*, em Ginzburg, 1989, p. 143-180.) E a Avaliação Educacional afastou-se decididamente de seu caráter venatório, diagnóstico, assumindo um estatuto científico forte, buscando vorazmente a objetividade, a quantificação, não obstante o risco dos resultados de pouca ou nenhuma relevância. Surgem, então, os primeiros testes objetivos, criados pelo professor inglês G. Fisher em seus "*scale books*", por volta de 1864. Depois, apareceram os testes comparativos (com alternativas), elaborados por M. Rice, nos Estados Unidos, em 1894, sendo esses alvo de severos ataques por parte de muitos educadores, em razão da desconfiança em suas possibilidades de medirem efetivamente o conhecimento dos alunos (Greene et al., 1953, p. 23). Em 1904, Thorndike publica o primeiro livro em que se lida primariamente com medidas educacionais, contribuindo decisivamente para a aceitação, o desenvolvimento e a popularização dos testes comparativos nos processos de avaliação.

No que se refere aos processos mentais, não é exatamente por acaso que, em 1905, surge a primeira escala para a medida da inteligência, proposta por Binet e Simons. Tal escala, sucessivamente revista e aperfeiçoada em 1908 e 1911, constitui a base para a construção de testes de inteligência individual em utilização até hoje. Em 1916 e 1937, Terman e seus colaboradores efetuaram revisões fundamentais em tais escalas, construindo a partir delas um conhecido índice, o QI (quociente de inteligência), baseado na relação entre a idade mental e a idade cronológica da criança.

Após a euforia da quantificação no sentido discreto, da contagem, as atenções voltaram-se naturalmente para a análise da quantificação como resultado analógico da medida de grandezas contínuas. Em um artigo fundamental, em que examina os fundamentos da ideia de medida em Educação, Lorge analisa criticamente as diversas acepções da palavra "medida". Já no primeiro parágrafo de seu instigante trabalho, chama a atenção para o fato de que tal palavra é uma das mil palavras mais vezes impressas em inglês. Examinando uma amostra de 2.500.000 palavras, encontrou "medida" por volta de 400 vezes, com cerca de 40 significados distintos (Lorge, 1951, p. 533). No mesmo sentido, já em 1942, Hardie publica um opúsculo importante com o sugestivo título *Truth and fallacy in educational theory* (Hardie, 1942). Nele, dedica um capítulo à fundamentação teórica da medida em Educação. Desde o início, afirma, com muita prudência:

> não há unanimidade acerca das condições segundo as quais a medida é possível mesmo em um assunto como a física (p. 128).

De um modo geral, Hardie examina três classes de grandezas, juntamente com as condições objetivas que tornariam a medida possível: grandezas intensivas, grandezas fundamentais e grandezas derivadas. No primeiro caso, encontram-se propriedades físicas como a dureza. A medida, nesse caso, significaria o estabelecimento de uma ordenação, da construção de uma escala de dureza, que tanto poderia utilizar números de 1 a 10 como de 20 a 180, como de 3 a 33, ou a sequência dos números ímpares, ou outra sequência numérica qualquer, crescente ou decrescente, ou ainda uma sequência de letras em ordem alfabética etc. Referindo-se às medidas educacionais, Hardie afirma:

> Se a medida fosse possível apenas no sentido das grandezas intensivas então deveria ser lembrado que os números podem ser associados a casas numa rua, isto é, eles simplesmente ordenariam os objetos em questão. As letras do alfabeto serviriam igualmente. (Hardie, 1942, p. 135)

E conclui, categórico:

> Se as medidas educacionais fossem medidas apenas no sentido de grandezas intensivas, então seguiria daí que a maioria dos cálculos que os educadores têm feito são uma perda de tempo. (Hardie, 1942, p. 136)

No caso das grandezas fundamentais, além da possibilidade de ordenação, exige-se como condição objetiva para a medição que seja possível definir-se uma espécie de "adição" no conjunto de tais grandezas. Assim, sendo A e B objetos possuidores da propriedade a ser medida, deve ser possível reunir A e B em um novo objeto C, que possuiria a mesma propriedade e, na ordenação definida por ela, encontrar-se-ia em um ponto da escala superior a A e B considerados isoladamente. Grandezas exemplares de tal grupo são comprimento, área, volume, massa e outras, chamadas também, em outros autores, de grandezas extensivas. No que se refere às medidas educacionais, Hardie aponta muitas dificuldades para situá-las na moldura das grandezas fundamentais. A principal delas parece ser a definição de uma "adição" como a requerida. Reunir notas como as de Gramática e de Redação numa nota única de Língua resulta quase tão significativo quanto somar os números que expressam o peso e a altura dos alunos de uma classe, ordenando-os segundo os valores da soma de tais medidas (Azanha, 1969). De um modo geral, o significado da unidade de medida, do padrão a ser considerado em cada caso, é muito difícil de ser precisado. A diferença entre notas como 7 e 6 não é necessariamente a mesma que entre 4 e 3 ou entre 2 e 1. Além disso, a não existência de uma escala absoluta torna especialmente delicada a atribuição ao zero de um significado aceitável. A esse respeito, o alerta de Hardie é incisivo:

> O perigo é que muitos educadores escrevem como se as unidades fossem "realmente iguais", o que implica admitir-se que um processo de medida similar ao que existe para os comprimentos teria sido descoberto. (Hardie, 1942, p. 141)

Quanto ao terceiro grupo, o das grandezas derivadas, dois exemplos são utilizados para ilustrar o pensamento do autor: a temperatura e a densidade. Nesses casos, pode-se construir uma ordenação, do mais frio para o mais quente, do menos denso para o mais denso, bem como definir uma escala para a atribuição de valores numéricos, mas a "adição" suprarreferida não parece possível de se definir. De fato, reunindo-se um corpo de temperatura A com outro de temperatura B, a temperatura resultante não será superior a A e B, o mesmo ocorrendo quando se lida com densidades. Tais grandezas, no entanto, são medíveis em um sentido distinto das grandezas intensivas; segundo o autor, tal fato resultaria da existência de uma fórmula (matemática) relacionando-as com outras grandezas fundamentais. No caso da temperatura, há a lei dos gases perfeitos: PV = nRT; para a densidade, d = m/v. Por meio de tais fórmulas, seriam possíveis medidas indiretas de T e d, a partir das medidas das grandezas fundamentais envolvidas.

Julgando inaceitável a consideração das medidas educacionais como de grandezas intensivas ou então fundamentais, Hardie pretende enquadrá-las no último grupo que lhe resta, o das grandezas derivadas. Assim, lamentavelmente, a nosso ver, conduz toda a discussão que se segue, no restante do texto, à defesa da busca de leis educacionais que viabilizem medidas indiretas das grandezas derivadas. Não obstante este fato, registra:

> Não tenho sugestões a fazer sobre como deveria ser uma possível lei em educação. (Hardie, 1942, p. 146)

E ao mesmo tempo em que expressa não ter dúvidas sobre o fato de que:

> medidas em educação devem ser similares a medidas em física,

conclui, esperançoso:

> Para a óbvia saúde da pesquisa educacional hoje, não seria desejável que tais leis demorassem muito para serem descobertas. (Hardie, 1942, p. 147)

Hoje, passados cerca de cinquenta anos, não se poderia dizer que as expectativas de Hardie tenham sido minimamente atingidas, nem parecem existir quaisquer indícios de que venham a sê-lo no futuro. Pelo contrário, a própria noção de medida em Física modificou-se substantivamente, nesse mesmo período, afastando-se decisivamente do ideal de objetividade da ciência da segunda metade do século XIX. Caprichosamente, enquanto as Ciências Humanas — entre elas, a Educação — buscavam aproximar-se cada vez mais da objetividade da medida no sentido físico, a Física parecia caminhar em sentido contrário, com a Teoria da Relatividade (1905-1916), a Mecânica Quântica, a partir de 1918, e sobretudo com o Princípio da Incerteza, formulado por Heisenberg por volta de 1925. As novas concepções sobre a medida decorrentes de tais trabalhos conduzem a uma radical mudança de perspectiva nas chamadas "ciências exatas", revelando certas limitações intrínsecas dos processos de medida no sentido físico. Assim, hoje, a certeza possível é a de que não se pode determinar de modo preciso simultaneamente a posição e a velocidade de qualquer partícula, ou a energia e o tempo. Não se trata de uma dificuldade conjuntural, superável com o progresso da ciência ou com o aperfeiçoamento dos instrumentos de medida; trata-se de uma limitação endógena, provadamente insuperável no âmbito das teorias científicas, que asseguram que o aumento da incerteza na medida de uma das grandezas dos pares citados ocorre na mesma proporção em que se aperta o cerco na determinação da outra.

A expectativa de Hardie de que a descoberta de fórmulas matemáticas conduzisse à elucidação teórica do problema da medida em Educação resulta, então, inteiramente frustrada no âmbito da própria Física. À luz de tais fatos, o aforismo de F. Pessoa:

> A certeza — isto é, a confiança no caráter objetivo de nossas percepções e na conformidade das nossas ideias com a "reali-

> dade" ou a "verdade" — é um sintoma de ignorância ou de loucura

aproxima-se de um sentido muito próximo do literal.

Decididamente, as questões fundamentais relativas à Avaliação em Educação não resultam senão tangenciadas quando se subordina a mesma à ideia de medida em sentido físico ou matemático, com o agravante de que tal concepção ignora pelo menos os fatos mais significativos no âmbito da Física ou da Matemática nos últimos 80 ou 90 anos.

Avaliação: a medida como metáfora

Em razão de fatos como os anteriormente expostos, numerosos autores consideram necessária uma reflexão filosófica mais atual e abrangente no que se refere às relações entre as concepções de avaliação e de medida. Já no Prólogo de um importante trabalho sobre a medida em Sociologia, o autor adverte:

> Em vez de buscar técnicas de medidas "melhores" e mais "rigorosas", seria mais fecundo eliminar muitas tentativas sociológicas de medida, buscando uma explicação das teorias e conceitos que esclarecessem se a Sociologia atual oferece ou pode produzir propriedades numéricas e quais. (Cicourel, 1982, p. 21)

De uma forma um pouco mais incisiva, o mesmo autor afirma, algumas páginas adiante:

> Em vez de empregar tanto tempo e dinheiro em estudos que só conseguem uma medida arbitrária, deveríamos empregar mais tempo em esclarecer nossas teorias e buscar correlatos no

> mundo observável. O enfoque que sugerimos não evitará a investigação empírica; evitará os dados que se julgam valiosos somente porque podemos enquadrá-los em um conjunto de categorias que constituirão uma "escala". (Idem, p. 30)

É, no entanto, ao iniciar suas considerações sobre os aspectos matemáticos da medida que o referido autor abre uma fresta das mais interessantes na teia de reflexões sobre o tema:

> É importante perguntarmos se as pretensões de conhecimentos baseiam-se em métodos que correspondem com as teorias e os dados recolhidos ou se as técnicas de investigação e escalas de medida em que se baseiam estas pretensões têm pouco mais do que uma relação de metáfora ou sinédoque com os ditos dados e teorias (Idem, p. 33).

O autor, porém, abandona sem maiores comentários a possibilidade de uma consideração tempestiva sobre a medida como uma metáfora, cedendo à permanente tentação de uma concepção de verdade como correspondência com os fatos, da busca de uma objetividade talvez um pouco mais compreensiva do que a de Hardie, mas, ao que parece, de mesma estirpe.

É precisamente esta trilha abandonada por Cicourel que pretendemos, doravante, explorar. Inicialmente, no tratamento da metáfora, seria necessário extirpar certas conotações negativas, cada vez menos mas ainda muito frequentes. Para que isto não signifique um desvio muito longo do tema em discussão, limitar-nos-emos a duas referências fundamentais. A primeira, da lavra do pensador espanhol Ortega y Gasset, pode soar como um alerta sobre certas ideias preconcebidas:

> Quando um escritor censura o uso de metáforas em Filosofia, revela simplesmente seu desconhecimento do que é Filosofia e do que é metáfora. [...] A metáfora é um instrumento mental

> imprescindível, é uma forma de pensamento científico. O que pode muito bem acontecer é que o homem de ciência se equivoque ao empregá-la e onde pensou sobre algo de forma indireta ou metafórica acredite ter exercido um pensamento direto. Tais equívocos são, claro, censuráveis, e exigem correção; mas não mais nem menos do que quando o físico se engana ao fazer um cálculo. Ninguém neste caso sustentará que a Matemática deve ser excluída da Física. (Ortega y Gasset, 1924, p. 387)

A segunda referência preliminar à metáfora configura-se como um convite ao exame do livro fundamental de M. Arbib e M. Hesse, *The construction of reality* (Arbib e Hesse, 1986). Nele, os autores, um matemático com importantes trabalhos na área de Inteligência Artificial, e uma Física com contribuições significativas na área das partículas, partindo de uma crítica radical da concepção aristotélica da linguagem, elaboram uma nova perspectiva epistemológica em que a metáfora desempenha um papel extremamente relevante. Articulando ideias básicas como a da estrutura metafórica do aparelho conceitual humano, do funcionamento da linguagem como uma rede de esquemas, dão passos decisivos no sentido da aproximação dos tratamentos dos sistemas simbólicos em geral, desde os formalismos matemáticos até os sistemas correspondentes às formas de organização política ou religiosa, passando, naturalmente, pelos mitos. Talvez seja útil insistir no fato de que a indiscutível competência e a respeitabilidade profissional de ambos os autores no âmbito das ciências ditas "exatas" dão ao texto um caráter bem distante do panfletário ou do perfunctório. E em que a arquitetura teórica da construção que elaboram tem como elemento básico, tijolo e/ou argamassa, a metáfora.

Voltemos agora à trilha inicialmente proposta, qual seja, à consideração da frase "A Avaliação Educacional é um processo de Medida" como uma imagem metafórica que inter-relaciona campos semânticos fundamentalmente distintos, possibilitando transferências esclarecedoras para o processo educativo. Para ilustrar o percurso a ser seguido na análise pretendida, consideremos, homologamente, no contexto do ensino de Matemática elementar, a frase "A Função é uma Máquina". Trata-se de uma sugestiva imagem, que põe em evidência certas características das funções como transformações realizadas sobre uma variável:

	FUNÇÃO F	
Entra X (input)	são realizadas transformações expressas pela lei F ( )	Sai Y = F (X) (output)

Tal modo metafórico de conceber-se uma função pode-se constituir em interessante recurso para uma compreensão, por exemplo, da determinação da função inversa de uma dada função, ou para a composição de funções, através de um encadeamento de máquinas.

Suponhamos, no entanto, que um engenheiro e um matemático, ao observarem um professor explorando a citada imagem analógica, afirmem:

Engenheiro — "Uma função não é verdadeiramente uma máquina; ela não tem engrenagens, nem circuitos, não transforma energia, nem informação, não tem portanto características mínimas para ser considerada uma máquina".

Matemático — "Uma função é verdadeiramente um conjunto de pares ordenados (x, y) tais que para cada x existe em correspondência um único y a ele associado, embora a cada y possam corresponder vários x... É um tipo especial de relação e não uma verdadeira máquina".

Sem dúvida, ambos têm razão, embora suas justificativas soem como explicações de piadas, não tendo qualquer relevância para os professores de Matemática elementar; a fecundidade da imagem analógica não depende da veracidade das afirmações do matemático ou do engenheiro.

Algo análogo parece ocorrer ao enunciar-se cada uma das frases citadas inicialmente, na Introdução deste trabalho, como a que afirma que "O átomo é um sistema solar em miniatura". Por mais sofisticados que sejam os atuais modelos representativos do átomo, a imagem do sistema solar em miniatura traduz algumas relações absolutamente fundamentais que permanecem vívidas em todos os modelos, como, por exemplo, os grandes espaços vazios no "interior" do átomo, ou a existência de um núcleo. Naturalmente, de toda comparação deste tipo, resultam também discrepâncias; no entanto, como num jogo de luz e sombra, tanto as convergências quanto as divergências contribuem para a composição do significado em questão. Um veemente exemplo de tal colaboração pode ser encontrado no poema "Convite", de J. P. Paes, extremamente expressivo em sua singeleza:

> "Poesia
> é brincar com palavras
> como se brinca
> com bola, papagaio, pião.
>
> Só que
> bola, papagaio, pião
> de tanto brincar
> se gastam.
>
> As palavras não:
> quanto mais se brinca
> com elas
> mais novas ficam."
> ...

De fato, ao sugerir que as palavras são como brinquedos que quanto mais são usados mais novos ficam, longe de se destruir a imagem inicial, realça-se uma característica marcante do tema cujo significado se pretende construir.

No caso específico da frase "A Avaliação Educacional é um processo de Medida", examinemos com mais vagar quais as relações que resultam reforçadas pela imagem e quais as que se revelam discrepantes.

Duas das características mais marcantes da ideia de medida em sentido físico são, como já vimos, a ordenação e a aditividade no conjunto das grandezas a serem medidas. Matematicamente, tais características podem ser sintetizadas na seguinte formulação:

- uma medida é uma função definida em um conjunto de conjuntos A, B, C, D ..., assumindo sempre valores não-negativos;
- se dois quaisquer dos conjuntos referidos, A e B, forem disjuntos, então a medida da reunião de A com B será a soma das medidas de A e de B considerados isoladamente.

A despeito do fato de que toda medida pressupõe um mínimo de nitidez na determinação da grandeza a ser expressa em números, na escolha do padrão a ser utilizado na comparação, na elaboração de um instrumento adequado, condições dificilmente presentes simultaneamente nos processos comuns de avaliação, no que se refere à ordenação, toda avaliação parece partilhar de tal intenção de base: avaliar conduz sempre ao estabelecimento de um "*ranking*", que pode ter apenas duas posições — aprovados e reprovados —, mas que em geral envolve uma classificação mais ampla. Já no que tange à aditividade, avaliação e medida diferem em um sentido bem radical. De fato, quando o que se mede são conhecimentos, torna-se muito difícil sequer imaginar conjuntos disjuntos A e B a serem reunidos, tendo suas medidas individuais somadas: a imagem mais fecunda para a representação metafórica do conhecimento parece ser a de uma rede de relações, malhas de diferentes tamanhos, tendo os nós como palavras/noções/conceitos. A tentativa de recorte ou isolamento dos nós conduziria, então, à destruição da rede, em vez de reconhecer ou legitimar o conhecimento em exame. Disjunções no interior dos temas disciplinares, como gramática/redação, álgebra/geometria, ou, no conjunto das disciplinas estabelecidas, como geografia/história, ou ainda, no conjunto das competências, como técnica/significado, são sempre destruidoras de redes de relações, assemelhando-se a um esquartejamento do objeto analisado. São, muitas vezes, necessárias, sobretudo em razão da forma de organização do trabalho na escola, mas têm como consequência inevitável uma limitação na capacidade de apreensão dos valores mais significativos. A pertinência e a eficácia da ordenação do conhecimento concebido como uma rede é tributária do reconhecimento de que o valor de uma rede depende, sem dúvida, de sua abrangência, mas também do dimensionamento adequado de suas malhas, da qualidade de sua tessitura. Em outras palavras, os conteúdos curriculares da escola básica são veículos por meio dos quais transportamos as ideias fundamentais de cada tema; não são fins em si mesmos. Seu caráter frequentemente fragmentário só revela plenamente o valor das ideias envolvidas quando são estabelecidas relações consistentes com outros temas, com outras disciplinas. Assim, para uma avaliação minimamente criteriosa, é fundamental certa preocupação com a totalidade dos aspectos envolvidos, com as múltiplas faces e características do ser humano que se avalia, enfim, com a necessária consideração da interdisciplinaridade no processo de avaliação.

Nos mecanismos de atribuição de valor, a comparação da avaliação com uma medida encontra elementos decisivos para apreensão de relações fundamentais. De fato, tal como a medida de uma grandeza conduz à determinação de seu valor, quer sob a forma numérica, quer sob a forma de conceitos literais, a expressão do resultado de uma avaliação é uma representação do valor que se estima, mas em nenhum caso pode ser identificado com ele. A noção de representação está, neste caso, muito mais próxima da ideia de equivalência do que da de identidade. A representação é simultaneamente a presença e a ausência do que é representado; é uma pintura muito mais do que uma fotografia; uma interpretação e não uma descrição. Embora a ideia de interpretação também possa ser associada ao termo "medir", como uma etapa atinente à análise final dos resultados, no caso da avaliação, uma distinção fundamental é necessária: aqui, ela se situa na origem do próprio processo, sendo, até certo ponto, concomitante à atribuição do valor.

No processo de interpretação/valoração, é importante assimilar o caráter subjetivo dos mecanismos envolvidos, em vez de elidi-los ou mascará-los com pretensões de absoluta objetividade. Na contraposição entre objetivismo e subjetivismo, uma falácia costuma viciar as análises: insinua-se que, nas atribuições numéricas ou valorativas, a alternativa para um objetivismo absoluto seria o subjetivismo radical, em que todas as balizas e os parâmetros se desvaneceriam, instaurando-se um relativismo total. É a falácia do "tudo ou nada". Na verdade, a assunção da inevitabilidade da dimensão subjetiva dos processos de avaliação, nos quais são imanentes os juízos de valor, não mitiga nem muito menos elimina a importância da dimensão objetiva de tais processos. Abandonar-se a concepção de verdade de uma proposição como correspondência com os "fatos" exige uma reflexão mais funda sobre o fato de que não há fatos "puros", independentes de interpretações: toda observação está impregnada de teoria. Isto, no entanto, não conduz inevitavelmente a uma situação inaceitável em que tudo é ou pode ser verdadeiro. A alternativa que se vislumbra aponta para um deslocamento do critério de verdade da correspondência para a coerência relativamente ao sistema de relações em que se integra, o que, caprichosamente, aproxima e afasta a ideia de verdade no sentido corrente do significado que lhe é atribuído em Matemática. Aproxima, na medida em que desloca o foco das atenções das proposições isoladas para os sistemas de proposições; afasta, na medida em que tais sistemas são, enquanto objetos matemáticos, permanentemente não interpretados, enquanto fora da Matemática os sistemas simbólicos permanecem fortemente impregnados do contexto que lhes dá vida e de onde extraem toda a coerência.

Neste ponto, a ideia de uma verdade contextualizada conduz a dois caminhos: um deles é a análise das relações entre avaliação e planejamento; o outro é a emergência de uma vigorosa dimensão ética no trabalho do professor. No caso das relações entre avaliação e planejamento, consideramos que a existência de um referencial externo, absoluto, que serviria de padrão nos processos de avaliação, bem como a de uma ordenação necessária nos conteúdos dos temas a serem ensinados, determinando seriações mais ou menos rígidas, com os indissociáveis pré-requisitos, não passa de uma quimera. Tal expectativa assemelha-se à da existência de escalas ou padrões absolutos para as medidas físicas, que é reconhecidamente vã na quase totalidade dos casos. Quanto à suposta linearidade, determinante da seriação dos conteúdos, ainda que muitas reprovações sejam justificadas por essa via, ela não pode ser aceita sem discussões senão em grandes linhas, muito gerais para terem uma influência de peso na organização do trabalho escolar. De um modo geral, os temas curriculares podem ser estruturados segundo diferentes percursos, diferentes "linhas" que se entrecruzam, se entrelaçam, relativizando quase que completamente a questão dos pré-requisitos.

A não existência de um referencial externo, absoluto, ou de uma ordenação necessária nos conteúdos a serem ensinados aumenta significativamente a responsabilidade do professor, a importância de seu planejamento. Como a avaliação sempre deveria estar referida aos objetivos inicialmente pretendidos pelo professor, bem como aos caminhos que vislumbrou para procurar atingi-los, o resultado de um processo de avaliação nunca revela o sucesso ou o fracasso apenas do aluno, mas também, e às vezes principalmente, o sucesso ou o fracasso do professor, ou, mais especificamente, de seu planejamento, da exequibilidade de suas metas.

Quanto à emergência da dimensão ética, sobressaindo na configuração do trabalho do professor em decorrência de uma contextualização no critério de verdade, destaquemos que tal fato nem de longe pode ser associado ao fantasma da arbitrariedade, contribuindo, sem dúvida, para uma complexificação e uma valorização da função docente. Uma estimativa de valor é sempre uma tarefa complexa, englobando tanto aspectos objetivos como subjetivos. Como tal, não pode ser confiada a um único instrumento, restrita a um só momento ou a uma única forma. São componentes importantes desse processo tanto a avaliação contínua, ao longo de todo o período escolar, como a concentrada, nos momentos das provas ou exames; tanto os trabalhos realizados individualmente quanto aqueles produzidos em grupo; tanto as provas com consulta quanto as sem consulta etc. Somente um amplo espectro de múltiplos componentes pode possibilitar condições mínimas para que o professor, como um juiz, profira seu veredito.

Para concluir, quase acacianamente, insistamos no fato de que, não obstante a fecundidade da imagem metafórica que a associa à medida, a avaliação relaciona-se primariamente a estimativas de valor. A complexidade da tarefa do professor, ao avaliar, envolve tanto o reconhecimento e a semeadura de valores fundamentais que às vezes, aparentemente, se entrechocam, como razão, emoção, criatividade, disciplina, imaginação, solidariedade, desempenho, honra, honestidade, vontade, entre outros, quanto a competência e o discernimento de um magistrado, sabendo situar-se acima de filigranas técnicas, quando o que está em cena é o pleno desenvolvimento de um ser humano. Em tal moldura, muitas das questões que hoje ocupam professores de diferentes níveis, compatíveis apenas com tarefas de simples medições, tornar-se-iam completamente desprovidas de significado.

5

O tecnicismo em Educação

I — Introdução

Tentaremos, no que segue, examinar criticamente um modo de abordar a complexa teia de questões que a realidade educacional brasileira apresenta, tais como:

- o número insuficiente de escolas;
- a desigualdade nas oportunidades de ingresso;
- a falta de preparo dos professores;
- a limitação dos recursos para a Educação, dentre outras.

Tal modo em exame se caracteriza pela ênfase nos aspectos metodológicos das questões consideradas e, de modo geral, toma como ponto de partida o indivíduo, para, por meio dele, agir sobre o todo social. Além disso, pressupõe uma opção clara em tratar dos problemas educacionais cientificamente, buscando na Tecnologia as raízes de uma resposta definitiva para questões básicas como as formuladas.

A análise do conteúdo de *A pesquisa sobre educação no Brasil: de 1970 para cá*, de A. J. Gouveia (1976, p. 75-79), revela uma sensível hipertrofia dos aspectos psicopedagógicos, destacando-se a relevância atribuída à elaboração de novos currículos, aos critérios de avaliação, à tecnologia educacional ou à definição dos objetivos educacionais em termos comportamentais. A quantidade de trabalhos que relacionam, por exemplo, as características dos estudantes com o ambiente de que provêm, se bem que pareça crescer, ainda se mostra insuficiente, sobretudo se considerarmos que uma parte substancial desses trabalhos não ultrapassa o nível da constatação de "carências" e não atinge, portanto, o cerne da questão.

Procuraremos, aqui, explicar os pressupostos ideológicos que fundamentam tal abordagem, e que englobam desde uma visão característica da Ciência até uma concepção de desenvolvimento que privilegia o econômico e que elege a tecnologia como fator decisivo na mudança das estruturas sociais vigentes.

Finalmente, ao mesmo tempo em que tentamos esclarecer o real papel que a Tecnologia Educacional pode desempenhar no processo educacional brasileiro, eximindo-a de ser a panaceia que frequentemente se apregoa, procuraremos fundamentar melhor a afirmação, para nós basilar, da indissolubilidade dos laços que unem a metodologia ao conteúdo dos problemas que pretendemos enfrentar.

II — Os pressupostos ideológicos

O Tecnicismo em Educação e a hipertrofia do psicopedagógico, tal como foram caracterizados anteriormente, não são fortuitos nem conjunturais. Eles são os reflexos, na solução dos problemas educacionais, de uma concepção de mundo que engloba, entre outras coisas:

a) um modelo de desenvolvimento econômico;

b) uma concepção da Ciência;

c) uma visão da Educação; que tentaremos, agora, explicitar.

Algumas das ideias básicas subjacentes a tais concepções são:

a.1) É através da Tecnologia que os países subdesenvolvidos conseguirão acelerar o seu processo de desenvolvimento econômico.

a.2) Desenvolvimento é desenvolvimento econômico.

a.3) As mudanças nos planos social e político advirão do crescimento econômico.

b.1) A Ciência é essencialmente produtora da Tecnologia.

b.2) A objetividade do conhecimento científico determina a sua neutralidade.

b.3) A Tecnologia é um elemento metodológico desvinculado do conteúdo dos problemas.

c.1) A Educação é uma ciência do comportamento.

c.2) As componentes fundamentais da Educação são a econômica e a psicológica.

c.3) A Educação deve ter ideais de neutralidade e objetividade, situando-se acima das ideologias.

Apesar de estas ideias estarem fundamentalmente imbricadas, tornando-se difícil considerá-las isoladamente, tentaremos examiná-las, numa perspectiva crítica, na ordem em que foram colocadas, alertando para a inevitabilidade das superposições.

a.1) É através da tecnologia que os países...

Comecemos pelo conceito de subdesenvolvimento, que norteará as tentativas de sua superação. Já aqui encontramos sérias dificuldades. Será o subdesenvolvimento algo superável, mantida a estrutura da economia capitalista, por meio de algum "remédio", como a substituição progressiva da dependência pela interdependência, ou será ele uma parte integrante desta estrutura, produto do desenvolvimento capitalista, da expropriação do excedente econômico da maioria e a sua apropriação pela minoria, da polarização resultante em centros metropolitanos e satélites periféricos?

A última alternativa conduziria nossa reflexão a um ponto em que a crítica ao Tecnicismo que permeia a nossa realidade educacional ver-se-ia, a um tempo, teoricamente simplificada e inócua.

Admitamos a primeira hipótese: é possível passar do subdesenvolvimento ao desenvolvimento, mantida a estrutura da economia capitalista. Ainda assim, discutamos o acerto do privilegiamento da Tecnologia como o motor deste processo de desenvolvimento, como pressupõem as teorias econômicas de orientação neoclássica. Se existem etapas a serem vencidas no caminho até o desenvolvimento, estas etapas são determinadas concretamente pela realidade que se estuda, historicamente situada. A esperança de que um fator exógeno, como costuma ser a Tecnologia, consiga sobrepor-se ao histórico-social, e conduza, através de uma "queima de etapas", a um desenvolvimento econômico semelhante ao dos produtores (e exportadores) de Tecnologia, é vã, tendo sido muitas vezes frustrada (Oliveira, 1975, p. 17). Os progressos tecnológicos mais significativos constituem respostas a problemas concretos da realidade social e econômica dos países que os produziram, no estágio em que se encontram. A adoção de tais processos como meio para que se atinjam os mesmos estágios de desenvolvimento, independentemente de eles constituírem, efetivamente, resposta aos nossos problemas, é um procedimento ingênuo. É como se, utilizando a caneta do Jorge Amado, esperássemos nos tornar romancistas...

a.2) Desenvolvimento é desenvolvimento econômico

A identificação do desenvolvimento com desenvolvimento econômico se dá quando se concebe este último como uma meta em si, a ser atingida independentemente dos meios a serem utilizados, da sua adequação ao momento histórico presente ou das consequências sociais que dele advirão.

Foi a partir de tal posicionamento que a agricultura passou a andar a reboque da indústria, que os grandes centros urbanos tornaram-se efetivamente determinantes das decisões econômicas, em detrimento do setor rural.

É francamente discutível a prioridade ou estímulos dados ao estabelecimento, por exemplo, da indústria automobilística no Brasil, no início da década de 1960, do ponto de vista das necessidades da maioria absoluta da população. Mas parece indiscutível o desenvolvimento econômico que a sua implantação significou, se avaliarmos este desenvolvimento através de elaborações empíricas como o PIB, ou outros índices. Tudo isso ocorreu em detrimento de quê, em detrimento de quem? Se desenvolvimento é desenvolvimento econômico, não cabe perguntar. Entretanto,

- *quando se constata* que a indústria sempre se orientou para os mercados urbanos, constantemente alimentados de necessidades criadas artificialmente, e, *apesar disso*, ou talvez por isso, é cada vez maior a porcentagem da população urbana marginalizada, que não tira proveito, senão ilusoriamente, dos frutos deste desenvolvimento econômico;
- *quando se observa* que a agricultura e as populações rurais cumprem um papel vital para a sobrevivência do sistema industrial, fornecendo alimento e força de trabalho para a indústria, e *apesar disso* permanecem

constituindo elementos periféricos do sistema econômico, com participação inexpressiva nos centros de decisão;

- *chega-se à conclusão de que* ou desenvolvimento não é bem isso, ou o que almejamos não se chama exatamente desenvolvimento.

a.3) As mudanças nos planos social e político...

Quando, a partir de elaborações empíricas que de forma alguma esgotam o real, aceita-se a divisão do país em regiões desenvolvidas e subdesenvolvidas, ou até, de forma mais requintada, em regiões desenvolvidas (industrializadas e urbanizadas), regiões em vias de desenvolvimento (urbanização e industrialização crescentes) e regiões não desenvolvidas (recursos em estado natural), a expectativa que se alimenta é a de "homogeneização por cima" (Saviani, 1979, p. 11-12). Espera-se que as regiões sejam conduzidas sucessivamente de uma etapa para outra pelo crescimento da economia e, assim, todas atingirão o *status* de região desenvolvida. Seria apenas uma questão de tempo. As discrepâncias seriam conjunturais. Uma vez superadas as etapas, utilizando, sobretudo, o efeito acelerador da Tecnologia, todos poderiam desfrutar dos benefícios do desenvolvimento. É a conhecida e envelhecida "teoria do bolo".

Entretanto, é bastante discutível este esquema classificatório e consideravelmente ilógica esta expectativa de homogeneização (Saviani, 1979, p. 11-12). Com efeito, não podemos pensar em desenvolvimento como algo estático, pronto, acabado, mas sim como algo que continuamente se processa, de modo que todas as regiões estão constantemente a desenvolver-se. Então, para que ocorresse a esperada "homogeneização por cima", as regiões menos desenvolvidas deveriam evoluir em um ritmo mais acelerado que as mais desenvolvidas. Ora, o que parece ocorrer é justamente o contrário: as regiões mais desenvolvidas são exatamente as mais dinâmicas, aumentando constantemente a sua distância das outras. É como se o subdesenvolvimento de umas alimentasse o desenvolvimento das outras, sendo ambos, desenvolvimento e subdesenvolvimento, partes integrantes de um mesmo processo econômico.

Uma análise mais detida do modo como é produzido o desenvolvimento capitalista nos conduziria à conclusão de que a única possibilidade de homogeneização por cima, que tal economia propicia, é aquela em que as regiões mais desenvolvidas incorporam sucessivamente as outras (Saviani, 1979, p. 13-14), subordinando-as aos interesses do capital, que acumulam incessantemente. Assim, esta homogeneização ocorre, de fato, à custa não só da exploração da mão de obra das regiões mais pobres, como também da exploração depredatória dos seus recursos naturais.

É certo, então, que mudanças no plano social e político advirão do crescimento econômico. Tão certo como estas mudanças acentuarão uma dominação cultural cada vez mais ampla e uma dependência econômica crônica que só os subdesenvolvidos potencialmente suicidas podem almejar.

b.1) A ciência é essencialmente produtora de...

A utilização intensiva de recursos tecnológicos na Educação inspira-se numa concepção da Ciência como fonte geradora da Tecnologia e procura dar à Educação um *status* de Ciência, pela incorporação de tecnologias já desenvolvidas sobretudo nas chamadas Ciências Humanas. Discutiremos posteriormente a caracterização da Educação como Ciência. Por enquanto, tentemos estabelecer relações mais explícitas entre Ciência e Tecnologia.

Inúmeros exemplos históricos parecem desmentir a ideia de que a Ciência é essencialmente produtora de Tecnologia (Azanha, 1978, p. viii) ou de que a Tecnologia é Ciência Aplicada. As relações mais profundas entre Tecnologia e Ciência não podem ser entendidas sem que se abandone definitivamente uma visão dicotômica das relações entre a teoria e a prática. A Ciência não se esgota nos fins preditivos, como pretendia Comte (Azanha, 1978, p. viii). Ela goza de certa autonomia em relação ao desenvolvimento tecnológico, que pode até, algumas vezes, preceder as teorias científicas correspondentes. Para citar um exemplo apenas, basta recordar a invenção do telescópio, no início do século XVII, que não tinha, na época das primeiras utilizações, o respaldo de nenhuma teoria científica (Azanha, 1978, p. x); ou então a Teoria da Relatividade, no início do século XX, que significou um avanço teórico tão grande que só recentemente a Tecnologia tem dado os primeiros passos no sentido de acompanhá-lo.

Resumindo, poderíamos dizer que a Ciência não se esgota na produção de Tecnologia, nem esta pode prescindir do desenvolvimento científico. Ciência e Tecnologia estão de tal forma imbricadas que a utilização da Tecnologia corresponde a uma Ciência em uma outra área, não pode prescindir de uma análise crítica que tente viabilizar conteúdo e metodologia. Concluindo, citamos Azanha:

> A veleidade tecnocrata de colher frutos da Tecnologia Educacional na árvore (ou cipoal?) das Ciências Humanas repousa numa visão ideológica das relações entre Ciência e Tecnologia que é, no mínimo, historicamente equivocada e epistemologi-

camente arbitrária. Sem falar nos eventuais obstáculos que essa simplificação da complexa interdependência entre Ciência e Tecnologia poderia trazer ao próprio desenvolvimento científico. (1978, p. xi)

b.2) A objetividade do conhecimento científico...

A Tecnologia Educacional que importamos, bem como as teorias psicológicas sobre a aprendizagem, são produzidas em países que pregam a objetividade e a consequente neutralidade do conhecimento científico. E nem faria sentido ser de outra forma.

Entretanto, é tão certo que as relações mais agudas entre Ciência e Ideologia ainda estão por ser desvendadas, quanto o fato de que o conhecimento científico pressupõe a escolha de, no mínimo, um referencial metodológico, o que já implica uma opção e compromete a sua neutralidade. Sem esquecer o fato de que o próprio discurso científico se apresenta, muitas vezes, impregnado de conotações.

Assim, num contexto de dominação cultural como o nosso, a neutralidade da Ciência desempenha um papel ideológico duplamente importante: ela viabiliza, do ponto de vista ético, a importação de Tecnologia e, sub-repticiamente, define o que merece ser estudado, estabelecendo prioridades que se pretendem universais, mas que frequentemente não são as nossas.

Deste modo, somos desviados de um caminho historicamente plausível, da pesquisa de soluções para nossos problemas concretos (apesar de "subdesenvolvidos"), quer ocupando-nos de temas que muitas vezes não têm raízes em nosso contexto histórico-social, quer endossando soluções pré-fabricadas para problemas que realmente são nossos. E, a pretexto de "queimar etapas", abdicamos da possibilidade de encontrar soluções autóctones, talvez menos brilhantes do ponto de vista técnico, mas quase certamente com um grau de adequação maior.

Com efeito, em nome da neutralidade do conhecimento científico, procura-se estimular aqui os estudos da "última palavra" em cada ramo da Ciência esperando que, assim, montados em ombros de gigantes, enxerguemos igualmente longe. Esta vã expectativa tem se mostrado irresistível inclusive para uma considerável parcela da comunidade científica, sobretudo nas chamadas Ciências Exatas. Ignora-se, nessa opção ingênua, um fato consideravelmente simples: ao ascender aos ombros do gigante, desligamos inevitavelmente os pés do chão.

b.3) A tecnologia é um elemento metodológico...

A possibilidade de uma Tecnologia neutra depende, basicamente, de uma relação mais geral que pode ser estabelecida entre conteúdo e método.

Ao se postular a objetividade do conhecimento científico, enfatiza-se tamanha autonomia do método em relação ao conteúdo que a Tecnologia passa a ser vista, a partir daí, como um elemento metodológico, desvinculado do conteúdo dos problemas que resolve. Assim, a importação de Tecnologia passa a ser considerada um fator neutro de aceleração do desenvolvimento econômico.

Entretanto, não se leva em conta, a partir destes pressupostos, que,

> [...] a própria escolha do método condiciona a apreensão da realidade a partir de um determinado enfoque, privilegia determinadas dimensões do real em lugar de outras, e termina,

> na verdade, não apenas tentando resolver problemas dados, mas definindo os problemas que merecem ser estudados e resolvidos e encaminhando as soluções na direção dos interesses de determinados grupos. (Barreto, 1979, p. 61)

Em outras palavras: cada concepção da realidade traz em seu bojo os elementos determinantes de uma metodologia que lhe é inerente e que se orienta para a resolução de determinados problemas, postos em relevo a partir de tal concepção em detrimento de outros.

Assim, uma visão da Educação:

- que enfatize a formação de recursos humanos em termos de competência específica a ser atingida;
- que vise a preparar mão de obra a ser incorporada acriticamente ao mercado de trabalho tal como se encontra estabelecido;
- que encare o fenômeno educativo como essencialmente individual, privilegiando as relações professor-aluno;
- ou que, em contrapartida, considere a Educação um fenômeno social apenas na medida em que a "reifica", a ponto de tratá-la como um bem de consumo que deve ser buscado por todos e distribuído a todos,

convive simbioticamente com a atribuição de uma excessiva relevância ao método em detrimento dos conteúdos, que são universalizados. Entretanto, a autonomia com que a metodologia é premiada provoca distorções tão graves no universo educativo que beiram o caricaturesco. Por exemplo, nas séries iniciais do Ensino Fundamental, a ênfase na alfabetização pelo método global como sendo a última resposta da Ciência em matéria de alfabetização, e assim sendo a única legítima (Barreto, 1979, p. 63), se contrapõe a problemas tão sérios como a evasão escolar, a repetência nos primeiros anos, a falta de abrangência no sistema escolar, dentre outros, que permanecem esquecidos ou têm suas dimensões reduzidas. E refinados retalhos de cetim remendam rotos vestidos de chita.

c.1) A educação é uma ciência do comportamento

Aqui as dificuldades começam com a própria possibilidade de se tratar a Educação como Ciência, tanto pela impossibilidade de se pensar em uma Teoria Educacional como em uma Teoria Científica, quanto pela inadequação do método experimental ao estudo do fenômeno educativo.

A Teoria em Ciência apresenta-se como "um esforço cognitivo traduzido por um conjunto articulado de proposições hipotéticas e de conceitos de diferentes níveis", enquanto a Teoria em Educação "é sobretudo um esforço normativo" (Azanha, 1979, p. 77).

Assim, neste último caso, a construção teórica envolve um posicionamento diante da realidade e implica uma opção, um direcionamento, tendo, certamente, uma importante componente axiológica: "A Teoria Educacional tem sido fundamentalmente uma prescrição antes que uma descrição ou explicação" (Azanha, 1979, p. 77).

Estas observações nos conduzem a uma caracterização da Teoria em Educação que é essencialmente valorativa e exortativa, estando muito distante da pretensa neutralidade ou objetividade da Teoria em Ciência. Este fato básico compromete de modo irremediável o estatuto de uma Ciência da Educação, pelo menos quando se pensa na Ciência em termos de sua metodologia característica, na qual a teoria é validada através da experimentação. Por outro lado, admitindo-se a possibilidade da não neutralidade da Ciência, injetando-se nela um conteúdo político, a questão da viabilidade de uma Ciência da Educação adquire, nesta nova perspectiva, características de precisão terminológica, afastando-se da análise que pretendemos. O que nos parece concreto é que no campo da Educação, as teorias, tendo outro caráter, devem procurar elaborar um outro procedimento que as valide. Não é o caso de se investigar se suas proposições básicas são falsas ou verdadeiras mas sim de se questionar a quem servem, ou a sua viabilidade em face de um conjunto de condições historicamente situadas.

Quanto à adequação do "carimbo" de Ciência do Comportamento, acreditamos que tal discussão tenha se esvaziado a partir das constatações anteriores. Acentuemos apenas que, se é difícil enquadrar a Educação em uma categoria tão ampla como a de Ciência, mais difícil ainda se torna a especificação como Ciência do Comportamento. De fato, o fenômeno educativo revela-se, a cada momento, tão denso, tão complexo, de tão múltiplas facetas, que aproxima o ato educativo muito mais da categoria de mediação entre o individual e o social, sendo evidente e inevitável a sua dimensão política. Mesmo correndo o risco de parecermos excessivamente esquemáticos, poderíamos dizer que há que se fazer a distinção entre comportamento e *práxis*, sendo que a Educação deve visar essencialmente à ação consciente, reflexiva, e, portanto, à *práxis*. Assim, considerar a Educação uma Ciência do Comportamento implica uma redução extrema no seu significado maior, uma ampliação deformadora de uma das inúmeras componentes. Fruto disso é a relevância que adquirem aspectos psicometodológicos do processo educativo, que de outro modo seriam absolutamente secundários.

c.2) As componentes fundamentais da educação...

Este é o pressuposto básico para a abordagem dos problemas educacionais que estamos examinando. É por meio desta redução do fenômeno educativo às componentes psicológica e econômica, ou da hipertrofia destas componentes, que o Tecnicismo se justifica e o psicopedagógico se sobressai.

Considerada desta forma, a Educação passa a ser vista como um investimento em recursos humanos, e a busca de rentabilidade de altos retornos torna-se natural. Por outro lado, ao ampliar a componente psicológica, justifica-se a preocupação acentuada, quase exclusiva, com os métodos de aprendizagem, com os aspectos individuais do ensino, com os currículos e os programas.

Note-se que este é o enfoque que mais facilita a importação de soluções pré-fabricadas, uma vez que se considera que os ensinamentos básicos da Psicologia devem permanecer válidos em diferentes contextos sociais. Destaque-se também que a ênfase no aspecto econômico, além de favorecer a divulgação das premissas do modo de produção capitalista, através da sua assimilação orgânica pela escola, deforma de modo fundamental a sua atuação, condicionando-a a fatores de mercado, muitas vezes sem um conteúdo axiológico mínimo. Esta tentativa de identificação escola–empresa em pouco tempo tem dado mostras do quanto se pode prestar a manipulações pelos que realmente detêm o poder econômico.

Em consequência, impede-se que venham à tona certas questões cruciais que facilmente ganhariam destaque caso a Educação fosse considerada no contexto estrutural da sociedade em que se insere, como por exemplo: para que serve esta eficiência? A quem está servindo? Esta concentração de esforços na metodologia não estará, na realidade, induzindo problemas, tanto quanto resolvendo?

Além disso,

> Por mais que se possa avançar no que respeita a aspectos psicopedagógicos, tais avanços não se propagarão se bloqueios

sérios ocorrerem, por uma ou outra razão, em diferentes pontos do sistema educacional. (Gouveia, 1976, p. 79)

E esse sistema permanece intacto quando as análises atrofiam a componente social e o conteúdo político da Educação.

c.3) A educação deve ter ideais de neutralidade...

A concepção de mundo na qual o Tecnicismo se insere atribui à Educação um caráter objetivo que a exime de opções ideológicas. Não se nega que ela lida com valores, mas afirma-se que aqueles que lhe cabe cultivar são perenes e universais. O homem a que esta Educação visa é um ser a-histórico que deve ser tornado eficiente, em quem se deve investir para que se desenvolva até o seu limite e garanta, assim, altos retornos para o sistema e benefícios para toda a sociedade. A busca da eficiência é tornada um fim em si mesma. A aquisição de conhecimentos visa a uma competência que deve ser posta a serviço de prioridades que não compete ao "técnico educador" discutir. A sociedade é vista como um todo harmônico, funcionando como uma máquina em que cada um deve procurar se integrar segundo as suas potencialidades, desenvolvidas pela Educação.

Seria esta uma concepção neutra da Educação? Estaria realmente a Educação, nestes termos, pairando acima das ideologias?

Admitir esta possibilidade seria partir da premissa de que o sistema educacional representaria um sistema autônomo em relação aos mecanismos do poder, o que, sem dúvida, é falso, pelo menos em sociedades dependentes como a nossa. Nestas,

> as instituições educacionais são privadas da sua autonomia, na medida em que grupos influentes — que são sempre uma minoria, pois as sociedades dependentes, em princípio, não são sociedades democráticas — veem sua posição ameaçada através do sistema educacional. (Berger, 1977, p. 334)

Então, ao assumir a ordem social estabelecida, buscando, acriticamente, adequar-se a ela e conferir-lhe, assim, uma eficiência cada vez maior, na verdade a Educação está fazendo uma clara opção pela visão de mundo dominante. Ao pretender a neutralidade, na realidade a Educação a abandona, assumindo a ideologia dominante e contribuindo decisivamente para que tudo continue tal qual se encontra.

Na verdade, em nenhum momento histórico a Educação constituiu-se em um sistema autônomo, independente do poder político ou econômico, aqui ou em qualquer outro lugar. A sua função sempre esteve essencialmente associada à ordem social vigente. Se, a despeito disso, não resvalamos para um determinismo conservador que aviltaria o papel do educador é porque existem "efeitos colaterais" ponderáveis, quase sempre inintencionais, que geram um certo grau de inadequação entre o fim pretendido e o resultado alcançado pelo ato educativo. É como se fosse impossível abrir os olhos e olhar apenas na direção sugerida, sem perceber, de soslaio, outras direções a explorar.

Mas será que o fato de a Educação jamais ter sido neutra nos autoriza a não alimentar ideais de neutralidade? Seria viável um "abrir os olhos para o mundo", deixando ao educando a tarefa de escolha do seu posicionamento? É possível conscientizar sem dirigir?

Ainda que tais questões em muitos sentidos estejam longe de ter uma resposta definitiva, consideramos não haver dúvidas sobre a impossibilidade de uma consciência "abstrata", ou de um "ser consciente" para o que der e vier. A conscientização implica uma vinculação ao contexto histórico-social. A consciência é sempre "localizada", sempre "de alguma coisa".

Assim, uma Educação que vise à conscientização terá que ser decididamente reveladora de toda a teia de relações sociais e econômicas. Será, então, inevitável, numa sociedade como a nossa, a emergência da problemática política. E a participação do educador será, sem dúvida, decisiva.

III — Conclusões

a) Dois níveis de abordagem

Os problemas que a realidade educacional apresenta comportam, basicamente, dois níveis de abordagem.

O primeiro nível, de natureza estrutural, somente pode ser levado a efeito a partir do contexto social em que os problemas se inserem, sendo fatores determinantes os de ordem sociocultural e político-econômica. Este nível exige a contribuição dos diversos campos do conhecimento científico, mas é fundamental que nele a Educação mantenha a sua especificidade e cumpra a sua função mediadora, não embarcando em canoas cujo controle lhe escapa.

O segundo nível, de natureza operacional, leva em conta os métodos e as técnicas que são utilizados ou serão desenvolvidos para a consecução dos fins estabelecidos no primeiro nível. A importância deste segundo nível é indiscutível, uma vez que é através dele que se examinam as etapas que conduzem do planejamento à ação efetiva. Mas é fora de qualquer dúvida que ele deve alicerçar-se no anterior e, mesmo, subordinar-se a ele.

Em geral, da competente articulação entre esses dois níveis de abordagem resulta a eficácia do planejamento. Por um lado, procurar a solução para os nossos problemas educacionais a partir de alterações exclusivamente metodológicas ou da utilização sistemática de recursos tecnológicos, sem recorrer a um nível de análise estrutural, é pôr o carro na frente dos bois. Por outro lado, análises que levam em conta exclusivamente a estrutura global dos problemas, sem estabelecer os caminhos que conduzem à ação efetiva, correm o risco dos desvios de interpretação. Além disso, frequentemente, em tais análises, a Educação perde muito da sua especificidade, sendo seus problemas imersos em outros mais abrangentes, o que, simultaneamente, enfatiza a sua importância e a sua impotência.

b) Do problema às Tecnologias

Muitas das distorções que a utilização da Tecnologia em Educação possibilita são resultantes da sua importação como um fim em si mesma. Considerada amiúde a filha mui dileta da venerada Ciência, traz consigo uma auréola de respeitabilidade, uma garantia de qualidade que a autoriza até a criar problemas que ela mesma se proporá a resolver. Assim é que, por exemplo, a Tecnologia Educacional se apresenta como poupadora de mão de obra, quando, entre nós, ela é abundante. Seria não qualificada? Talvez, segundo padrões de outros contextos sociais; talvez não, se estabelecêssemos nossos próprios padrões. E admitindo-se que não fosse, por que não utilizar os recursos tecnológicos para "qualificar" esta mão de obra em vez de marginalizá-la mais ainda, num caso típico em que a culpa é posta na vítima?

A proposta básica que sugerimos, neste ponto, é que se inverta o mecanismo geralmente utilizado na "importação": em vez da importação, quase sempre acrítica, da Tecnologia como um bem em si, na certeza de que aqui, como nos locais de origem, ela contribuirá para a solução de problemas, fundamentais lá, talvez não aqui, devemos partir de problemas concretos da nossa realidade educacional e, analisando que soluções encontrou, que tecnologia desenvolveu com este fim quem já teve problemas análogos, podemos chegar a um ponto em que faremos a opção pela importação de determinada solução tecnológica, levando em conta a sua adequação à realidade à qual irá servir.

Tudo parece tão óbvio que é natural que se pergunte: mas não é assim que se passa? Temos que concluir que não tem sido, quando constatamos que nossos problemas fundamentais permanecem os mesmos de há longa data, não tendo as maravilhosas soluções tecnológicas conseguido sequer penetrar na sua epiderme, quando deveriam, na verdade, emergir dela. É certo que existem os beneficiários destas opções tecnológicas, em geral dispendiosas e concentradoras no que diz respeito à produção dos meios. Existem os que foram consultados e concluíram que, sem tais recursos, não lograremos atingir um estágio de desenvolvimento compatível com "o nosso destino histórico", ou, em outras palavras, "*nós estamos perdidos*". Resta, entretanto, a resposta a outra pergunta, semelhante à que Tonto fez ao Zorro, quando os índios apertaram o cerco: "*Nós quem, Cara Pálida?*"

c) Democratização *versus* Controle social

O argumento de que a Tecnologia Educacional deve ser utilizada maciçamente com a finalidade de democratização do ensino, no sentido de que muitos tenham acesso a uma qualidade que é um privilégio de poucos, contém, no seu âmago, o elitismo que pretende combater, na medida em que somente elementos altamente qualificados conseguem produzir os materiais a serem utilizados. Assim, além de não significarem, necessariamente, uma democratização, por permanecerem inacessíveis a muitos estabelecimentos das classes de menor renda, sobretudo por problemas de custo, os recursos tecnológicos favorecem um controle social, através da manipulação dos centros de produção, que muitas e muitas vezes, ao longo da história, se revelou indesejável.

6

Comunicação na escola: dos quadros de giz aos mídia eletrônicos

Um dos artifícios mais frequentemente utilizados em todas as épocas para a condução de uma discussão, mantendo-se, no entanto, uma aparência de necessidade lógica das conclusões, é o de aportar em questões supostamente dicotômicas envolvendo antinomias aparentes onde conotações históricas praticamente definem a escolha a ser operada.

Tal é o caso, por exemplo, das contraposições entre o Estático e o Dinâmico, entre o Antigo e o Moderno, entre outras.

Há uma espécie de fascínio natural pelo Dinâmico, assim como pelo Moderno, que obscurece o significado das relações entre os elementos de pares como os citados e conduz a opções fáceis e muitas vezes irrelevantes para o que se discute.

Parafraseando Fernando Pessoa,

> Nunca conheci quem tivesse sido Estático ou Antigo. Todos os meus conhecidos têm sido Dinâmicos e Modernos em tudo.

O próprio título do presente trabalho pode sugerir uma evolução dos quadros de giz até os mídia eletrônicos, como se se contrapusesse um perfeito símbolo de obsoletismo com o que há de mais característico na Educação Moderna, como se o significado desse percurso do giz aos mídia fosse o de uma ascensão em termos educacionais da idade da pedra ao paraíso tecnológico.

Na verdade, entre nós, após uma discussão entusiasmada sobre a utilização dos meios de comunicação de massa com finalidades educacionais, sobretudo no início da década de 1970, houve uma acentuada diminuição no interesse por tais recursos. Tal refluxo deveu-se em parte a limitações financeiras, mas também e talvez mais fundamentalmente a uma crítica mais apurada das expectativas iniciais.

De fato, muitas foram as prospecções sobre as inovações tecnológicas que na prática não se confirmaram. Muitos profetas insignes, como por exemplo Marshall MacLuhan, no final da década de 1960, anteviram alterações profundas no sistema educacional, em função dos mídia eletrônicos, que até hoje não se concretizaram e que nada indica que venham a realizar-se a curto prazo.

Tais prospecções foram amplamente difundidas e amplificadas entre nós por meio de textos como *Mutações em educação segundo MacLuhan* (Lauro de Oliveira Lima, 1971).

O fascínio pelo Moderno era aí tão acentuado que deixava a sensação, após a leitura, de que quem não entrasse na corrida pelas inovações tecnológicas em pouco tempo seria reduzido a objeto de museu ou a material de estudo para arqueólogos e paleontólogos.

Relacionemos algumas das prospecções contidas no texto acima citado, com o intuito exclusivo de alerta para novos encantamentos indevidos, dos quais falaremos a seguir.

> Não se justifica, diante dos meios de comunicação de massa, que um professor fale para cinquenta alunos quando poderia fazê-lo para 50 milhões pela televisão, via satélite (p. 16).

> Os meios de comunicação de massa falam para milhões sem os percalços da possível incompetência do professor (p. 16).
>
> A palavra do professor e o livro didático são processos paleontológicos diante da explosão da informação através dos meios de comunicação de massa (p. 10).
>
> O mais grave do sistema escolar atual é, sem dúvida, a falta de comunicação mesmo porque os alunos veem no professor tradicional uma caricatura dos modernos instrumentos de comunicação de massa (p. 6).
>
> São profundamente simplórias e até ridículas as atuais reflexões sobre programas e currículos. Educar já não é prever as necessidades sociais mas preparar os jovens para o imprevisível [...] o que minimiza a ideia de currículos e programas, trocando-se a ênfase sobre os conteúdos por uma ênfase sobre as técnicas (p. 18).
>
> A escola do futuro não terá currículos e programas, instrumentos que têm sido usados pela gerontocracia (Conselhos de Educação, por exemplo) para evitar a explosão do conhecimento segundo as possibilidades de imaginação dos jovens (p. 28).
>
> Bem antes de 1989, toda espécie de equipamento será posta à disposição do ensino, provocando um clima de troca entre as matérias comumente ensinadas (MacLuhan, citado à p. 39).
>
> Uma rede mundial de computadores tornará acessível em alguns minutos qualquer tipo de informação aos estudantes do mundo inteiro (MacLuhan, citado à p. 45).
>
> A atual distinção entre escola pública e escola privada tornar-se-á arcaica mesmo porque só agora começa-se a perceber que ambas do ponto de vista da família são privadas e ambas são públicas do ponto de vista da heterogeneidade classista da população matriculada (p. 54).

Apesar de hoje, algumas décadas depois, parecer clara a intempestividade da maior parte das afirmações como as citadas, novas maravilhas tecnológicas renovam as esperanças de soluções extraordinárias para os problemas educacionais. São dessa estirpe grande parte das expectativas relacionadas atualmente com a utilização de computadores em Educação, em decorrência de uma crescente e provavelmente inexorável informatização da sociedade como um todo.

Com a informática no centro das atenções, nova corrida ameaça instaurar-se, propagando-se como se fosse certo que as opções para o educador resumem-se a aderir ao paraíso tecnológico ou então ser classificado como ultrapassado ou resistente a mudanças.

Pretende-se que os computadores alterarão substancialmente nosso próprio modo de pensar, que eles logo se tornarão máquinas inteligentes, que a superação de certas limitações impossíveis de serem negadas é apenas uma questão de tempo.

Quanto à utilização dos computadores com finalidades educacionais, novos profetas surgem anunciando enfaticamente, como fizera MacLuhan, resultados e expectativas igualmente mirabolantes.

Seria razoável agora sermos mais otimistas do que há algumas décadas? Seria possível alegar que as previsões dos apologistas dos meios de comunicação de massa como instrumentos educacionais são essencialmente corretas, tendo falhado apenas no que se refere a afoitas fixações de prazos? Ou haveria alguma inconsistência fundamental nas expectativas anunciadas que os anos que desde então decorreram revelaram de modo claro e que devem servir de base para uma reflexão sobre as novas apologias?

O confronto com a realidade educacional parece indicar que a segunda hipótese é mais plausível. De fato, observamos que mesmo em países desenvolvidos, a despeito das disponibilidades econômicas e tecnológicas, as sucessivas reformas educacionais parecem oscilar entre o elogio das inovações e o retorno ao tratamento convencional das questões básicas relativas à Educação, como a indicar que o cerne de tais questões não está sendo atingido. Quando as atenções se centram nas técnicas de comunicação em detrimento dos conteúdos, quando os objetivos a serem perseguidos são suficientemente vagos para serem caracterizados como uma "preparação para o imprevisível", nenhuma alteração radical pode ser esperada.

Efetivamente, a Educação não se resume à combinação pretendida por MacLuhan de uma atitude inquiridora, uma liberação na criatividade e um conveniente acervo de informações. Outros ingredientes fundamentais devem ser acrescentados, como os determinantes sociais dos objetivos educacionais, que deveriam amalgamar-se com as motivações mais íntimas dos indivíduos. Há, além disso, a necessidade da explicitação da função dos conteúdos enquanto veículos para a perseguição dos objetivos fixados, e também a complexa mas essencial e inevitável questão dos valores.

Mesmo quando nos limitamos a considerações sobre a comunicação pedagógica, a análise efetuada pelos profetas das mutações para fundamentar suas expectativas não parece esbanjar solidez. A propósito da relação professor–aluno nas séries iniciais da escolarização, afirmou-se, por exemplo:

> As crianças e os jovens tradicionalmente desenvolvem sua "embriologia mental" em contato com mulheres (que não entraram ainda no processo de construção civilizatória), com babás (que representam a escória humana do processo civilizatório) e com velhos avós (que perderam o contato com os problemas do presente e se desligaram da problemática histórica). É quase um milagre que cada geração nova consiga avançar um passo na civilização ficando as crianças condicionadas em seu desenvolvimento pelo que a humanidade tem de menos estimulante e criativo do ponto de vista da construção de novos padrões culturais (p. 48).

Naturalmente, a tais considerações poder-se-ia contrapor que uma componente fundamental da comunicação pedagógica, especialmente importante nas séries iniciais, é de natureza afetiva, exigindo do docente uma dedicação especial, muita doação, muito amor. Talvez por essa via se possa compreender mais facilmente o papel desempenhado pelas mulheres na educação de crianças de tenra idade. Talvez ainda, a partir disso, se possa ver com mais clareza por que os mídia eletrônicos, por mais sofisticados que pareçam, nunca serão suficientes para desempenhar sozinhos funções docentes.

Entretanto, ainda que consideremos essa componente afetiva essencial, parece claro que ela não é suficiente para esclarecer a questão da comunicação pedagógica, para caracterizá-la. Para essa caracterização, o elemento nuclear, sem dúvida, é um efetivo engajamento que transcende a dimensão afetiva e que não se esgota nos apelos lúdicos do processo pedagógico. É necessário mais do que tudo isso: é imprescindível que um tal engajamento decorra da existência de um projeto coletivo no qual cada indivíduo reconheça a relevância e assuma espontaneamente o seu papel.

Cada vez que em uma sociedade ocorrem transformações radicais, conduzindo à explicitação ou mesmo resultando de um projeto desse tipo, a Educação revela sua verdadeira força e desempenha um papel fundamental na construção da nova ordem. Historicamente, isso tem sido demonstrado repetidas vezes em diferentes momentos e distintos países. Em situações como as descritas, os meios de comunicação de massa são sempre utilizados eficazmente e revelam claramente seu caráter de instrumento: sem o projeto a que servem, sua função educativa é restrita ou inexiste.

Tudo isso parece indicar que o cerne da questão pedagógica, em países desenvolvidos ou não, não se encontra nos processos de comunicação, nos materiais instrucionais ou mesmo no eventual despreparo de grande parcela do corpo docente, mas, sim, na ausência de um projeto coletivo com características mobilizadoras, que possa munir de sentido as ações individuais, propiciando um efetivo engajamento.

Na construção de um tal projeto residem simultaneamente a força e os perigos da questão educacional. Totalitarismos de diferentes matizes são usualmente pródigos no oferecimento de projetos coletivos conduzindo a um engajamento que sobreleva as funções da Educação, garantindo-lhe grande destaque. Também as religiões, articuladas ou não com a componente política, servem frequentemente de veículo para engajamentos em projetos amplos, capazes de mobilizar multidões.

Projetos como os totalitários ou de cunho religioso costumam ser, no entanto, estreitos demais, eliminando o significado das aspirações individuais ou forçando sua confluência para as determinações do Estado ou de uma divindade, o que acaba não sendo muito diferente.

Um verdadeiro projeto coletivo com características educacionais deverá saber levar em conta tanto as aspirações individuais quanto os interesses coletivos, economicamente situados e historicamente determinados.

Uma satisfatória solução de compromisso entre tais aspectos não parece haver sido conseguida em lugar algum do mundo. É aí que as buscas devem se concentrar para um equacionamento adequado dos problemas educacionais que afligem todos os países do mundo, desenvolvidos ou não.

Aliás, é justamente nos países desenvolvidos que a ausência de um projeto coletivo mais se faz sentir, nos outros, na inexistência desse projeto, copiar os países desenvolvidos costuma constituir-se em um simulacro de projeto...

Muitos mais do que de verbas extraordinárias ou de fascinantes inovações tecnológicas, é da busca de um projeto que a Educação efetivamente tem demonstrado carecer.

7

A informática no currículo: fundamentos × equipamentos

O advento da informática no currículo escolar tem sido analisado frequentemente não tanto com uma profundidade extrema quanto com um profundo extremismo.

As posições assumidas oscilam, em geral, entre a adesão incondicional e a recusa categórica, entre o fascínio e o fastio. Não nos parece, no entanto, que tal questão possa ser situada no âmbito da aceitação ou da recusa.

A presença dos computadores nos mais variados setores das atividades cotidianas é uma realidade inconteste assim como é o fato de que, apesar da eventual efemeridade dos efeitos, a máquina seduz.

Diante de tal quadro, bancar o avestruz é apenas uma rima, não é uma solução.

A invasão acelerada dos computadores, ainda que em setores que têm mínimos pontos de contato com as atividades educacionais, sugere fortemente uma onipresença inevitável em prazo exíguo.

Em consequência, deflagra ou alimenta uma corrida ansiosa, nos meios educacionais, rumo aos equipamentos e às tecnicidades correlatas. O computador é apresentado como um bem supremo, um atleta velocista com uma memória de elefante, capaz de proezas inimagináveis pelos pobres mortais, lentos e de memória curta. Sua utilização efetiva, no entanto, tem-se caracterizado como um espetáculo cuidadosamente produzido, cheio de luzes e fogos de artifício, mas que carece de maior densidade, parecendo muito mais um voo entre lusco e fusco.

Somente desta forma, um instrumento com tantas limitações intrínsecas pode ser apresentado até mesmo como determinante de um novo modo de pensar. Somente assim, sob o estímulo de interesses bem pouco acadêmicos, pode-se fortalecer a sensação de que só nos resta correr, não ficar para trás, engajar-nos, equipar-nos, formar técnicos, semear usuários.

É muito difícil não lembrar de Bacon quando afirma que "um coxo no caminho certo chega antes que um corredor extraviado, e o mais hábil e veloz, correndo fora do caminho, mais se afasta de sua meta".

Diante disso, qual o caminho a seguir? Concretamente, justifica-se a introdução da informática no currículo escolar? Quais as razões? E em caso afirmativo, o que deveria ser ensinado?

Com a única finalidade de instaurar um debate, sem a veleidade de proposições categóricas, vamos procurar responder a tais questões.

Em primeiro lugar, não há o caminho a seguir. Em distintos países, as relações entre os interesses econômicos e as soluções propostas para os problemas educacionais pela via da informática têm sido permanentemente caracterizadas por uma problemática local de difícil transposição para outros meios. Correr atrás de metas originadas em tais relações em diferentes contextos significa, com muita frequência, criar necessidades em vez de mitigar os efetivos problemas existentes.

Parece claro que o temor de ficar para trás não justifica a necessidade da corrida. A sensação de obsolescência que se procura evitar estará presente entrando-se ou não se entrando na corrida: equipamentos, linguagens ou mesmo putativas profissões, pretensamente técnicas, tudo isso tende à degenerescência em períodos cada vez menores. Carecemos completamente de paradigmas confiáveis neste setor. O caminho ainda está por ser construído, aqui e em outros lugares.

Objetivamente, quanto à introdução da informática no currículo, uma parábola pode ser útil para esclarecer nosso ponto de vista. Pensemos no currículo como um rio: as disciplinas que o compõem são seus afluentes, a escola é o seu leito.

Existem afluentes canônicos: a Matemática e a língua natural são componentes solidamente instalados em todos os lugares do mundo. Ainda que algumas reformas, aqui e ali, escavem seus leitos, alarguem suas margens ou desviem ligeiramente seus cursos, não se pode prescindir de tais afluentes. Outros componentes curriculares também têm características semelhantes. Todos eles, no entanto, desempenham uma função básica na formação geral do rio e devem ser supostos perenes. Evidentemente, certas condições determinantes do processo histórico, que é o território onde o rio corre, podem fazer com que alguns afluentes definhem, enquanto tímidos fios d'água tornam-se pouco a pouco encorpados e surjam como novos afluentes.

O que não é admissível, no entanto, é tratar-se correntes de efluentes industriais como legítimos afluentes curriculares. Tais correntes muito frequentemente têm características de meros poluentes.

Quando se trata de questão da introdução da informática no currículo escolar, esta distinção entre efluente e afluente parece-nos fundamental.

Até aonde conseguimos divisar — e temos procurado com certa avidez —, o que se pretende que seja uma introdução da informática no currículo escolar tem-se aproximado perigosamente de uma simples descarga de efluentes poluidores.

Explora-se *ad nauseam* o fascínio pela máquina, estimula-se um deslumbramento pelas características formidáveis do equipamento de hoje, que tornam ridículos os de ontem e que se tornarão ridículos ante os equipamentos de amanhã. E reclama-se o desenvolvimento em ritmo acelerado de usuários acríticos, crentes no fato de que a onipotência da máquina é apenas uma questão de tempo.

Neste sentido, a introdução da informática no currículo significa um mero desperdício de recursos humanos e materiais, chegando a ser perniciosa.

O que afirmamos acima, no entanto, não significa, de forma alguma, uma recusa à introdução da informática no currículo.

Nossa resposta à questão formulada inicialmente é a seguinte: pensamos que a informática tem todas as condições de transformar-se em um verdadeiro afluente curricular na escola básica.

É possível e desejável enfeixar noções profundamente significativas do ponto de vista da produção do conhecimento, abrangendo lógica, linguagens artificiais, algoritmos, programas, teoria da informação, fundamentos de cibernética, e compor uma disciplina elementar com um estatuto epistemológico tão consistente quanto o da língua natural ou da Matemática.

Como nesses dois casos, aprender essa nova disciplina teria o sentido de uma alfabetização e não o da aquisição de um amontoado de técnicas de conexão duvidosa, ou o simples aprendizado da manipulação de equipamentos extremamente específicos e rapidamente obsolescentes.

Não temos conhecimento de experiências de introdução da informática no currículo escolar nesse sentido abrangente ao qual nos referimos acima. Há apenas uma breve referência a alguns trabalhos realizados na ex-URSS utilizando um dispositivo hipotético imaginado por um eminente matemático norte-americano chamado Emil L. Post. Tal dispositivo é uma espécie de máquina virtual, que não precisa existir concretamente enquanto objeto fisicamente palpável.

Podemos simplesmente imaginar a Máquina de Post ou fazer uma representação esquemática no papel ou no quadro negro: trata-se de uma fita subdividida em quadrados alinhados, que são as células da máquina. Cada célula pode conter ou não um sinal padronizado, uma marca, tendo a fita células vazias ou marcadas, compondo certa configuração inicial. Sobre as células pode deslizar um cursor que aponta sempre para uma só célula e que é capaz de entender e realizar um pequeno número de ações simples, tais como "deslocar-se uma célula para a direita", "deslocar-se uma célula para a esquerda", "imprimir uma marca" sobre uma célula vazia, "apagar uma marca" sobre uma célula ocupada, ou ainda "identificar se a célula para a qual aponta está vazia ou marcada". Utilizando adequadamente esse restrito repertório de ações, é possível compor programas que conduzam de uma configuração inicial a qualquer outra configuração final, previamente concebida.

Naturalmente, cada configuração da fita pode ter um caráter simbólico, representando números, letras ou o que quer que se deseje. A máquina opera, portanto, transformando informações, seguindo passo a passo um programa composto a partir das cinco ações básicas já descritas.

Tudo isso pode parecer apenas mais um jogo eventualmente divertido, mais uma atividade infantil com finalidade exclusivamente lúdica. Seguramente não é este o caso. Quanto Post publicou seu trabalho "Processos combinatórios finitos" numa revista de lógica simbólica em Londres, no ano de 1936, outras eram suas intenções. Na verdade, a Máquina de Post, uma decorrência deste trabalho, é uma espécie de embrião a partir do qual é possível uma aproximação analógica dos mais modernos computadores digitais.

Grosso modo, o que é possível calcular no mais sofisticado dos computadores, pode também ser calculado em uma Máquina de Post. Evidentemente, dados os parcos recursos para registros e ações, são necessários tempo e paciência ilimitados, mais nada.

Assim, a Máquina de Post pode ser um valioso instrumento para a compreensão efetiva da estrutura de um computador, da utilização de linguagens artificiais de decomposição de tarefas complexas em ações simples, da construção de algoritmos, da composição de programas, da otimização de soluções, por meio da pesquisa de programas de tamanho mínimo, e muitas coisas mais. Em outras palavras: a Máquina de Post pode ser utilizada eficazmente para a obtenção de todos os resultados significativos, do ponto de vista conceitual, que são esperados da introdução da informática no currículo escolar.

Tudo isso sem investimentos em equipamentos de qualquer natureza, e a um custo operacional praticamente nulo. Acresça-se ainda o fato de que a natureza extremamente simples das cinco ações básicas possibilita concretizações com fitas de papel, botões, ou mesmo crianças de carne e osso em um pátio previamente quadriculado. Por esta via é possível imaginar o desenvolvimento de trabalhos significativos, mesmo em classes das séries iniciais do Ensino Fundamental.

Nossa posição ao final deste percurso, pode parecer singular: defendemos a introdução da informática no currículo, vislumbramos inclusive a possibilidade da realização de trabalhos nas séries iniciais, ao mesmo tempo em que execramos a corrida desenfreada em direção aos equipamentos e às tecnicidades ou o fascínio pela máquina, com o superdimensionamento de suas possibilidades e o não reconhecimento de suas limitações intrínsecas.

Carregando nas tintas, não estaríamos pregando uma informática apenas "teórica", sem a utilização de equipamentos? Não seria isso uma verdadeira aberração?

Decididamente, não é esse o caso, não é isto o que propomos. Não afirmamos — e há quem o afirme — que a utilização efetiva dos computadores na escola básica é algo essencialmente pernicioso, que deve ser evitado. Afirmamos, isto sim, que o centro de gravidade de um programa curricular de informática para a escola básica não se encontra no equipamento disponível, que do número de horas destinadas ao desenvolvimento de tal programa apenas uma parcela mínima deveria ser destinada à utilização direta do computador, que, por sua vez, nem mesmo precisaria estar instalado na própria escola, podendo situar-se em algum centro interescolar ou mesmo em um laboratório da universidade. E afirmamos enfaticamente que, mesmo na ausência de equipamentos, é possível tratar das questões nucleares de um programa escolar de informática como, por exemplo, a noção de algoritmo, utilizando apenas uma máquina virtual, de custo zero. Uma máquina tão simples que seu funcionamento pode ser compreendido por uma criança e simultaneamente tão rica em recursos que serve de modelo analógico para qualquer computador existente, como é o caso da Máquina de Post.

8

Matemática e poesia: considerações mínimas sobre uma máxima

Os matemáticos limitam-se a repetir a frase de K. Weierstrass: "Nunca será um matemático completo aquele que não for um pouco poeta"; é mister compreendê-la.

Trata-se de conduzir o aforismo weierstrassiano para além da caricatura ou da metáfora, ainda que tais ultrapassagens possam, de início, parecer inverossímeis.

Suscetíveis às mesmas simplificações, o matemático-poeta, distante do mundo das coisas práticas, ou o poeta-matemático, de rigor e exatidão valerianas, fundem-se em imagens distorcidas em múltiplos espelhos.

Múltiplas são as características que afastam ou aproximam os dois temas. Já nas dimensões básicas da linguagem — denotação/conotação —, a distinção poesia/matemática costuma, simploriamente, enraizar-se, negando-se a um dos temas a partilha de ambas as dimensões. A oralidade, que é a origem e a realização última — cinética ou potencial — em um dos temas inexiste, endógena, no outro. No terreno sintático-semântico, há a permanente impregnação entre o conteúdo e a forma em um deles, e o declarado intento de separação entre os momentos da técnica e da significação no outro. No semântico-pragmático, os pares monossemia/polissemia, literal/figurado, entre outros, sugerem distinções nítidas, talvez ilusórias. No que se refere à oposição núcleo/superfície, segundo Starobinski, o que balizaria a distinção poético-matemático seria a anuência ao centro, à raiz do real — depositário do máximo de regularidades — da linguagem matemática, enquanto a linguagem poética teria por domínio "a brilhante superfície do mundo". Ocorre que, segundo o mesmo Starobinski, é nesta zona superficial que "as energias centrais se multiplicam e se ramificam no infinito das aparências". E os resquícios de nitidez matizam-se numa complementaridade essencial quando ouvimos Hofmannsthal: "A profundidade está escondida. Onde? Na superfície". Ou ainda quando a radicalidade incisiva de Wittgenstein sugere que "O que está oculto não nos interessa".

No que se refere às pontes, as mais notáveis situam-se no âmbito do par lógico/analógico. À medida que se reconhece no analógico não o alógico ou o protológico mas uma fecunda dimensão do pensar matemático, legitimada por resultados retumbantes/promissores/sedutores, como a teoria das catástrofes, a geometria dos fractais, a "ordenação" do caos, ou indiscutíveis, como a álgebra homológica/teoria das categorias, os dois temas aproximam-se organicamente, mais e mais. Afinal, na sugestiva imagem de Octavio Paz, poemas nada mais são que "cristalizações do jogo universal da analogia".

Assim, o terreno analógico parece suficientemente fecundo para a explicitação de nexos constituintes das imbricações mais significativas entre a Matemática e a Poesia. O conteúdo visual das metáforas parece um conduto sob medida para uma permanente alternância entre o figural e o figurado, como em um sistema de vasos comunicantes.

* * *

Abre-se, assim, uma janela imensa para um repositório de respostas; as perguntas, no entanto, ainda precisam ser adequadamente formuladas.

9

Matemática e poesia: *Mattemas*

Um *mattema* é uma brincadeira com palavras.
O *twitter* é o mote; a Matemática é o tema.
Será um poema?

I — RETA

Inflexível,
A linha reta
Faz bem ao caráter
Faz mal ao poeta.

II — PARÁBOLA

Atire a pedra
Quem não tiver culpa
Os outros devem
Prestar atenção
À parábola.

III – ESPIRAL

Ambiciosa
Disfarça mal
A espiral.
Sempre fingindo
Finge que chega
E vai saindo.

IV – ÂNGULO

Um ângulo é um encontro
Ou, de outro ângulo,
Um desencontro.

V – CÍRCULO

A equidistância não existe.
Dentro, fora, não existem.
O círculo não existe.

VI – TEOREMA

Se eu fosse quem não sou
Se tu não fosses quem és
Então, logicamente,
Tu me amarias eternamente
E me terias a teus pés.
E a vida seria amena,
Simples como um teorema.

VII – CARDIOIDE

O coração é um músculo feio
Tem a graça de uma orelha.
Prefiro uma cardioide bem vermelha.

VIII – NÚMEROS

Os números não mentem jamais
Mas eles são excelentes
Para tornar as mentiras convincentes.

IX – MÉDIA

Não existem dramas, nem tragédias
Se nos escondemos
Atrás das médias.

X – FINITO/INFINITO

O fim do que é finito
Não faz vilão, nem herói.
O infinito, quando finda,
Dói.

XI – VETORES

A pós-modernidade
Me deixa aturdido
Ao menos os vetores
Têm sentido?

XII – POLIEDRO/DEUS

Um poliedro
Com tantas faces
Quantos somos nós
(Inclusive os ateus):
Deus.

Referências bibliográficas

AEBLI, H. *Prática de ensino* [nova edição]. São Paulo: EPU/Edusp, 1982.

ARBIB, M.; HESSE, M. *The construction of reality*. New York: Cambridge University Press, 1986.

AZANHA, J. M. P. *Avaliação do rendimento escolar*. São Paulo: Secretaria Estadual de Educação, 1969. (Mimeo.)

______. *Experimentação educacional*: uma contribuição para sua análise. São Paulo: Edart, 1975.

______. Alain ou a pedagogia da dificuldade. *Reflexões sobre a educação*. São Paulo: Saraiva, 1978.

BARRETO, E. S. S. Tradição tecnológica e sistema de ensino no Brasil. *Educação & Sociedade*. São Paulo: Cortez e Moraes, n. 2, p. 60-69, jan. 1979.

BERGER, M. *Educação e dependência*. São Paulo: Difel, 1977.

BISHIR, J. W.; DREWES, D. W. *Mathematics in the behavioral and social sciences*. New York: Harcourt/Brace, 1970.

BLACK, M. *Modelos y metáforas*. Madrid: Tecnos, 1966.

BONBOIR, A. *Como avaliar os alunos* (Docimologia). Lisboa: Seara Nova, 1976.

BORGES, J. L. *Obras completas*. Buenos Aires: Emecé, 1974.

BUNGE, M. *Filosofia da física*. Lisboa: Edições 70, s.d. [1973].

BUNGE, M. *La investigación científica*. Barcelona: Ariel, 1983.

CICOUREL, A. V. *El método y la medida en sociología*. Madrid: Nacional, 1982.

DIENES, Z. P. *O poder da matemática*. São Paulo: EPU/INL/MEC, 1975.

FONTELA, O. *Trevo*. São Paulo: Duas Cidades, 1988.

FREUDENTHAL, H. *Perspectivas da matemática*. Rio de Janeiro: Zahar, 1975.

GINZBURG, C. *Mitos, emblemas, sinais*. São Paulo: Companhia das Letras, 1989.

GOUVEIA, A. J. A pesquisa sobre educação no Brasil: de 1970 para cá. *Cadernos de Pesquisa*, São Paulo, Fundação Carlos Chagas, n. 19, p. 75-79, dez. 1976.

GRANGER, G.-G. *Filosofia do estilo*. São Paulo: Perspectiva/Edusp, 1974.

GREENE, H. A.; JORGENSEN, A. N.; GERBERICH, J. R. *Measurement and evaluation in elementary school*. New York: Longmans, Green and Co., 1954 [1953].

HANSEN, J. A. *Alegoria*. São Paulo: Atual, 1986.

HARDIE, C. D. *Truth and fallacy in educational theory*. New York: Teachers College Press, 1968 [1942].

KOLMOGOROV, A. N.; FOMIN, S. V. *Elementos de la teoría de funciones y del análisis funcional*. Moscou: MIR, 1972.

LEWIN, K. *Princípios de psicologia topológica*. São Paulo: Cultrix, 1973.

LIMA, L. O. *Mutações em educação segundo MacLuhan*. Petrópolis: Vozes, 1971.

LORGE, I. The Fundamental Nature of Measurement. In: LINDQUIST, E. F. (Ed.). *Education measurement*. Washington: American Council on Education, 1959 [1951].

LORENZO, J. *Introducción al estilo matemático*. Madrid: Tecnos, 1989.

LUCKESI, C. C. *Prática docente e avaliação.* Rio de Janeiro: ABT, 1990.

MINSKY, M. *A sociedade da mente.* Rio de Janeiro: Francisco Alves, 1989.

NOLL, V. H. *Introdução às medidas educacionais.* São Paulo: Pioneira, 1965 [1957].

OGDEN, C. K.; RICHARDS, I. A. *The meaning of meaning.* New York: Harcourt/Brace, 1938.

OLIVEIRA, F. de. A economia brasileira: crítica à razão dualista. *Seleções Cebrap*, São Paulo, Brasiliense, n. 1, p. 5-78, 1975.

ORTEGA Y GASSET, J. Las dos grandes metáforas. In: *Obras completas*. Madrid: Alianza Editorial, 1987. t. 2. [1924.]

PAZ, O. *O mono gramático.* Rio de Janeiro: Guanabara, 1988.

PESSOA, F. *Obras em prosa.* Rio de Janeiro: Nova Aguilar, 1986. volume único [1916].

PETRIE, H. G. Metaphor and learning. In: ORTONY, A. (Org.). *Metaphor and thought.* Cambridge: Cambridge University Press, 1979.

POPPER, K. R. *Conhecimento objetivo.* São Paulo: Edusp, 1975.

REUCHLIN, M. Problemas de avaliação. In: DEBESSE, M.; MIALARET, G. (Orgs.). *Tratado de ciências pedagógicas.* São Paulo: Editora Nacional, 1974. v. 4.

REMMERS, H. H.; GAGE, N. L. *Educational measurement and evaluation.* New York: Harper & Brothers Publishers, 1955. [1943.]

RUSSELL, B. A *Educação e a ordem social.* Rio de Janeiro: Zahar, 1978.

SAVIANI, W. Participação da universidade no desenvolvimento nacional: a universidade e a problemática da educação e cultura. *Revista da Pontifícia Universidade Católica de São Paulo*, São Paulo, PUC, v. 49, fasc. 97, p. 3-23, jan./jun. 1979.

SOURY, P. *Cadenas, nudos y superficies en la obra de Lacan.* Buenos Aires: Xavier Báveda Ediciones, 1984.

STEVENS, S. S. Mathematics, measurement and psychophysics. In: ______ (Ed.). *Handbook of experimental psychology*. New York: John Wiley & Sons, 1951.

TURBAYNE, C. M. *El mito de la metáfora*. México: Fondo de Cultura Económica, 1974.

UNAMUNO, M. de. *Amor y pedagogía*. Madrid: Alianza Editorial, 1986.

VAN-HIELE, P. *Structure and insight*. New York: Academic Press, 1986.

WALDRON, R. A. *Sense and sense development*. London: Andre Deutsch, 1979.